초등 미술 놀이북

초등인강 엘리하이 선생님이 알려주는 ★ 교과서 속 57가지 미술놀이 ★

초등 미술 놀이북

류지문 지음

글담출판

그리기, 만들기는
재능이 없으면 못할까요?

'어떻게 하면 그림을 잘 그릴 수 있나요?'라는 질문을 아이들에게 가장 많이 받습니다. 그때마다 항상 "많이 그려 보고 대상을 자세히 관찰해야 해."라고 얘기하면 "에이, 그게 뭐예요."라고 아이들은 실망스러운 표정으로 아우성을 쳤습니다.

사실 아이들이 보기엔 제 대답이 너무 일반적이고 성의 없어 보이겠죠. 하지만 그림을 잘 그리는 방법의 핵심은 바로 '관찰과 연습'입니다. 실제로 화가로 활동하고 있는 지인이 놀러 왔을 때 저의 큰아이가 "이모, 어떻게 하면 그림을 잘 그려요?"라고 눈을 반짝이면서 물었습니다. 그때 지인의 대답은 "많이 관찰하고 연습을 많이 하면 돼."였습니다. 큰아이는 엄마와 똑같은 말을 한다며 실망하며 한숨을 쉬었지요. 그 모습에 지인과 저는 빵 터져서 웃었지만 아이는 정말 세상을 잃은 듯한 표정으로 슬퍼했답니다.

학교에서 아이들을 가르칠 때도 관찰과 연습의 중요성을 강조하며 "선생님이 사과 하나 잘 그리기 위해 그린 사과만 해도 100박스는 될 거야."라는 말을 하곤 했습니다. 그러면 아이들은 "박스만 100개 그리신 거 아니에요?"라고 장난치면서 웃었습니다.

아주 단순해 보이는 물체일지라도 잘 그리기 위해서는 손에 익을 때까지 연습해야 합니다. 또 자세한 관찰이 필요한데요. 이 과정이 지루하다 보니 대충 그리고 끝내는 경우가 많습니다. 미술에 정말 재능이 없어서라기보다 노력하지 않은 것뿐이지요. 안타깝지만 한번 흥미가 떨어져 버린 아이들은 더 이상 미술은 재미없는 것, 나는 미술을 못하는 사람이라고 생각합니다.

미술 자신감이
곧 학습 자신감으로 이어져요

입학을 앞두고 많은 부모님이 긴장된 마음에 예습하기 위해 교과서를 미리 구매합니다. 아이가 학교생활에 적응하기 쉽도록 조금이라도 도와주기 위해서인데요. 막상 교과서를 살펴봐도 저학년 교과서는 그림이 대부분인지라 무엇을 도와줘야 할지 감이 잡히지 않습니다. 아직 한글이 미숙하고 모든 것을 경험해야지만 학습할 수 있는 아이들의 특성을 반영하여 저학년의 학습은 대부분 체험을 동반합니다. 그리고, 자르고, 만들고. 기본적인 미술 활동이 바탕이 되어야 수업 듣는 데 도움이 되지요.

초등 1~2학년은 바른 생활, 슬기로운 생활, 즐거운 생활을 통합하여 봄, 여름,

가을, 겨울 총 4권으로 배웁니다. 학교, 봄, 가족, 여름, 마을, 가을, 나라, 겨울을 주제로, 일상에서 찾을 수 있는 다양한 소재와 재료를 이용하여 놀이하고 표현하는 활동을 목표로 합니다.

특히 교과서를 찬찬히 살펴보면 그리기보다 만들기 비중이 더 높은 것을 알 수 있습니다. 이 책에서는 이러한 교과 과정을 바탕으로 수업에서 가장 많이 활용되는 미술 활동을 소개했습니다. 미술을 좋아하지 않는 아이들도 미술 때문에 학교 수업이 힘들어지지 않도록, 교과서 속 미술놀이를 재밌게 즐기는 방법을 담았습니다.

학교 교실에서 여자아이들은 만들거나 그리기를 잘하는 친구가, 남자아이들은 종이접기를 잘하거나 운동을 잘하는 친구들이 인기가 많습니다. 쉬는 시간이면 역할을 지정해서 미술 선생님이나 줄넘기 선생님이 되어 서로 알려 주기도 합니다. 실제로 저희 아이는 하교 후 오늘은 반 친구 누구누구가 일일 선생님이 되어서 무엇무엇을 가르쳐 줬다고 자랑하기도 했습니다. 그만큼 미술 자신감이 즐거운 학교생활에 큰 도움이 됩니다.

창의 폭발, 사고력 쑥쑥!
교과 미술 활동을 하며 아이의 성장 발달을 도와주는 방법을 담았어요

미술 활동의 가장 큰 장점은 사고력과 창의력 향상일 것입니다. 특히 상상의 세계에 머물러 있는 초등 저학년 시기는 사고력과 창의력 발달에 적기라고 할 수 있는데요. 이를 돕기 위해 교과 미술 활동을 하면서도 아이의 사고력과 창의력 향상을 도와줄 수 있는 방법들을 고안해서 담았습니다.

우리 때와는 다르게 요즘 초등학교는 학습자료 준비실이 있어서 준비물의 대부분을 학교에서 제공해 줍니다. 학교마다 다르겠지만 큰아이가 1학년 때 가정에서 준비해 간 준비물은 요구르트 병과 플라스틱 숟가락 하나가 전부였습니다. 균일하게 만들기를 할 수 있도록 환경을 만들어 주는 것이지요. 만들기 재료가 학교에서 제공되는 환경에서 어떻게 차별 있는 미술 활동을 하여 아이의 창의력, 사고력 발달까지 꾀할 수 있을까요?

'클레이 색 추리 놀이', '꼬리에 꼬리를 무는 연상 놀이', '명화 속 숨은그림찾기' 등 똑같은 만들기를 하더라도, 아이의 성장 발달을 자극하는 재밌는 활동들을 이 책에 담았습니다.

또 교과서 엿보기 코너를 통해서 미술 놀이와 관련한 교과 내용을 소개했습니다. 이를 통해 학습 포인트를 놓치지 않으면서 만들기에 대한 이해도를 높일 수 있도록 도왔습니다. 자연스럽게 미술 이론 시험을 대비할 수 있도록 재미있는 미술 이야기를 들려주며 미술 용어와 이론을 소개했습니다.

요즘 코로나19로 인해 학교마다 다르지만, 1~2주일에 한 번씩 미술 과제를 내주는데요. 의무가 아니다 보니 과제를 제출하는 분이 있고 아닌 분도 있습니다. 그런데 교사가 보기에 어떤 아이에게 좋은 인상이 남을까요? 미술 과제를 내주는 이유는 그 활동이 그 시기 아이들에게 필요한 발달과 학업을 돕기 때문입니다. 의무가 아니라고 해서, 점수에 들어가지 않는다고 이유로 마냥 넘어가서는 안 됩니다. 부모는 아이가 교과 과정을 충분히 이수할 수 있도록 도와주는 노력이 필요합니다. 아이도 부모와 함께 과제를 수행함으로써 뿌듯함과 완성의 기쁨을 느낀답니다. 이뿐만 아니라 나중에 생활기록부에서 좋은 평가를 받을 수도 있지요.

손 조작 능력이 아직 부족한 아이도 미술 활동이 쉬워지는
사소하지만 유용한 팁을 담았어요

그런데 흥미가 떨어져 버린 아이들에게 어떻게 미술의 재미를 알려 줄 수 있을까요? 다시 흥미를 올리기는 쉽지 않지만 가장 쉽고 재미있는 방법이 하나 있습니다. 그 방법은 다름 아닌 만들기입니다. 시간과 노력이 많이 필요한 그리기와 달리 만들기는 몇 가지 팁만 알면 단시간에 멋진 작품을 만들 수 있습니다. 예를 들어 이목구비를 그리기 어려워하는 아이는 '눈 모양 스티커'만 활용해도 훨씬 완성도 높은 작품을 만들 수 있습니다. 풀 대신 양면테이프를 이용하거나 가위질만 깔끔해져도 작품이 예뻐집니다. 이 책에는 그러한 유용한 팁들을 가득 담아 놓았습니다. 쉽고 간단한 방법으로 미술 자신감을 올릴 수 있을 거예요.

자~ 그럼 함께 재미있고 쉽게 만들어 봐요.

머리말 ★ 4

이 책의 활용법 ★ 13

미술 놀이를 하기 전에 미리 살펴보는 재료와 사용법 ★ 14

미술 준비물을 챙기는 법 ★ 17

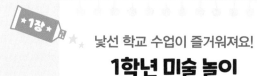

낯선 학교 수업이 즐거워져요!
1학년 미술 놀이

미술이 좋아져요.
공부에 자신감이 생겨요!
2학년 미술 놀이

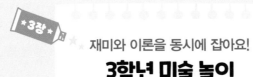

재미와 이론을 동시에 잡아요!
3학년 미술 놀이

이 책의 활용법

교과서 어디에 나올까?
미술 놀이가 나오는 초등학교 교과목과 해당 단원을 알려 줘요. 아이의 학교 진도에 맞춰 효과적으로 도움을 받을 수 있어요.

교과서 엿보기
미술 놀이에 담겨 있는 교과서의 학습 목표를 짚어 줘요. 이와 함께 놀이의 흥미를 유도하며 학습 효과를 올릴 수 있는 대화법을 알려 줘요.

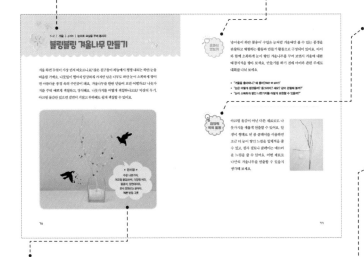

창의력 쑥쑥 활동
교과서 속 미술 놀이를 하며 아이의 창의력, 사고력을 향상시킬 수 있는 다양한 활동을 소개해요.

교과서 속 이론 쏙쏙
놀이와 관련된 미술 이론을 소개해요. 교과서에서 중요하게 다루는 개념들로, 미술 이론의 기초를 쌓을 수 있어요.

준비물
쉽게 구할 수 있는 집에 있는 재료, 안전한 재료를 중심으로 놀이에 필요한 준비물을 소개해요.

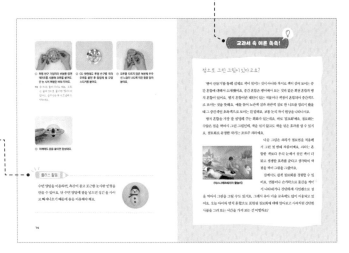

플러스 활동
놀이를 발전시켜 해볼 수 있는 활동을 소개해요. 또 주제와 관련하여 놀이 활동 후 함께 읽으면 좋은 책을 소개해요. 같은 주제를 다양하게 경험해 볼 수 있도록 도와요.

미술 놀이를 하기 전에 미리 살펴보는
재료와 사용법

종이

도화지

그림을 그릴 때 쓰는 종이. 종이의 무게가 무거울수록 색칠했을 때 색감이 좋아요. 기본적으로 180g 이상을 권장해요.

색지

색깔이 있는 두꺼운 종이라 만들기 할 때 유용해요.

색종이

여러 색깔로 물들인 종이. 다양한 패턴의 색종이와 반짝이 색종이 등 종류가 다양하여 용도에 따라 골라 사용할 수 있어요.

수채화 종이

일반 도화지보다 표면에 질감이 있는 종이로 두껍고 발색력이 좋아요.

벌집 종이

얇은 종이가 벌집 모양으로 겹겹이 층을 이룬 종이. 입체를 표현하고 싶을 때 효과적이에요.

습자지

재질이 얇고 부드러워서 종이꽃 만들기나 하늘하늘한 표현을 할 때 좋아요.

주름지

주름이 져 있는 종이라 잘 늘어나고 내구성이 좋아요.

골판지

물결 모양의 골이 진 종이가 붙은 판지. 완충력이 좋고 튼튼해요.

도일리 페이퍼

컵, 접시 등 다양한 받침용도로 쓰이는 종이. 장식용으로 좋아요.

**채색
재료**

색연필

광물질 물감을 섞어 다양한
색이 나게 만든 연필. 채색
할 때 세밀한 표현이 가능
해요.

사인펜

수성 잉크를 넣은 필기도
구. 미끄럽게 잘 그려지며
색칠했을 때 색연필보다 색
이 진해요.

크레파스

손쉽게 넓은 면을 색칠하기
좋지만 세밀한 표현은 힘들
어요.

수채화 물감

물을 이용하여 색칠하는 물
감. 색상이 맑고 투명해요.

아크릴 물감

다양한 재료에 색칠할 수
있으며 건조가 빠르고 발색
이 좋아요.

**만들기
도구**

가위

종이를 자를 수 있게 해주
는 도구.

핑킹 가위

모양을 내어 자를 때 필요
한 가위.

풀

얇은 종이를 붙일 때 주로
이용해요.

공예풀

풀로 붙일 수 없을 때 사용
해요. 굳으며 투명해지는
특징을 가지고 있어요

유리테이프

간편하게 사용할 수 있으며
점성이 강해 잘 붙어요.

양면테이프

양면에 접착제가 붙어 있어
다양한 재료 붙일 때 많이
이용해요.

15

할핀

종이를 고정시켜서 움직일
수 있게 해줘요.

마스킹테이프

종이로 만든 테이프. 자르
기 쉽고 색깔별로 있어서
꾸미기에 좋아요.

**꾸미기
재료**

폼폼이

폭신한 질감에 입체감 있는
만들기를 할 때 좋아요.

리본

포인트로 꾸밀 때 좋은 재료.

각종 구슬

여러 가지 재질의 구슬을
이용하면 다양한 느낌을 줄
수 있어요.

스티로폼 공

원 모양을 만들 때 좋은 재
료. 가벼워요.

눈 모양 스티커

그림에 자신 없는 사람에게
좋아요. 입체감도 줄 수 있
어요.

모루

털로 감싼 철사. 부드럽고
포근한 느낌을 주며 잘 휘
어져요.

색 빨대

여러 가지 색 빨대를 자르
거나 연결해서 꾸밀 수 있
어요.

공예용 철사

작은 힘에도 잘 휘어지기
때문에 모양 만들기에 좋
아요.

은박지

모양을 쉽게 변형시킬 수
있어요.

미술 준비물을 챙기는 법

1. 신학기 학교 준비물은 어떻게 준비하나요?

입학과 동시에 학교에서 준비물을 알려 줍니다. 구체적으로 몇 색을 준비하라는 선생님도 계시지만 그렇지 않은 경우, 색연필은 돌돌이 형태로 12~16색으로(고학년 때는 전문 화방에서 파는 색연필로 준비하면 좋아요.), 크레파스는 18~24색으로 준비하면 충분합니다. 사인펜은 넓은 면적을 칠할 수 있는 노마르지 사인펜과 일반 사인펜 두 종류로 준비하면 좋습니다. 아이들이 쉽게 잃어버리고 다른 친구의 물건과 섞일 수 있으니 꼭 하나하나 이름표를 붙여 주세요.

2. 저학년 물감은 어떻게 준비하나요?

아동용 물감을 사용하지 말고 전문 화방 물품으로 준비하세요. 발색이 다르기 때문에 전문가용으로 20색 정도로 준비하여 쭉 고학년까지 사용하는 것이 좋아요.

3. 팔레트는 어떤 사이즈로 사야 되나요?

20색 팔레트를 준비해요. 팔레트 칸마다 물감을 채운 후 그늘에서 말려 사용해요. 한 번 이렇게 만들어 놓으면 다 쓴 색만 보충하면 되기 때문에 오래 쓸 수 있어요. 또한 자주 쓰는 물감은 화방에서 낱개만 사서 보충하면 돼요.

4. 수채화 붓은 어떤 것으로 준비하나요?

전문 화방에서 둥근 붓으로 국내 제품 중 부담스럽지 않은 가격에서 구입하세요. 12호, 16호, 20호를 구비해 놓으면 다양하게 활용하기 좋아요.

5. 종이는 어떤 것이 좋나요?

종이는 어느 정도 두께가 있어야 그림 그리기 좋아요. 두께를 무게로 계산하는데 보통 180g 이상이 되어야 수채화를 그릴 때도 종이가 일어나지 않아요. 너무 얇은 종이는 색이 제대로 표현되지 않고 물을 흡수해서 우글쭈글해져요. 스케치북에도 무게가 표시가 되어 있으니 참고하세요.

6. 꼭 4b 연필을 써야 하나요?

꼭 4b 연필을 쓸 필요는 없어요. 손압이 좋은 아이들은 너무 진하게 그려져 그림에 연필심이 번지거나 지우개로 지웠을 때 제대로 지워지지 않아요. 그런 아이들은 HB 일반 연필을 권해요. 저학년 아이들은 손의 힘을 조절하기 쉽지 않기 때문에 4B 연필은 굳이 사용하지 않아도 돼요. 일반적으로 2B나 B 정도의 연필이면 충분해요.

7. 물감의 종류에 따라 팔레트를 따로 써야 하나요?

아크릴 물감은 물감이 마르면 굳어 버리는 성질을 가지고 있기 때문에 쓰고 버릴 수 있도록 종이 접시 등을 이용하는 것이 좋아요.

8. 물감 종류에 따라 붓을 따로 써야 하나요?

수채화와 아크릴 물감에 따라 붓이 서로 달라요. 아크릴 물감 전용붓은 더 뻣뻣하고 납작해요. 굳이 전용 붓을 사용하지 않아도 되지만 아크릴 물감 자체가 빨리 굳기 때문에 쓰고 나서는 바로 세척해야 해요. 이점만 유의한다면 수채화 붓을 사용해도 괜찮아요.

★ 1장 ★

낯선 학교 수업이 즐거워져요!

1학년 미술 놀이

팔랑팔랑 나비 만들기

봄은 식물들이 파릇파릇 싹을 틔우고, 겨울잠을 자던 동물들이 깨어나 바쁘게 움직이는 계절이에요. 봄 동산에 사는 친구들에 대해 알아보고 그중에서도 봄에 찾아오는 팔랑팔랑 예쁜 나비를 만들어 봐요. 나비는 머리, 가슴, 배, 세 부분으로 나뉘는 곤충으로, 한 쌍의 더듬이, 두 쌍의 날개, 세 쌍의 다리를 가졌어요. 나비의 모습을 자세히 관찰하여 어떤 특징이 있는지 알아보세요. 그 특징만 잘 표현해도 완성도 높은 작품을 만들 수 있어요.

★ 준비물 ★

습자지(노란색, 분홍색), 빵 끈,
폼폼이(크기가 다양한 여러 개),
가위, 풀, 양면테이프, 연필
눈 모양 입체스티커, 색지(검은색)

tip 색은 예시일 뿐이니,
좋아하는 색으로 자
유롭게 만들어요.

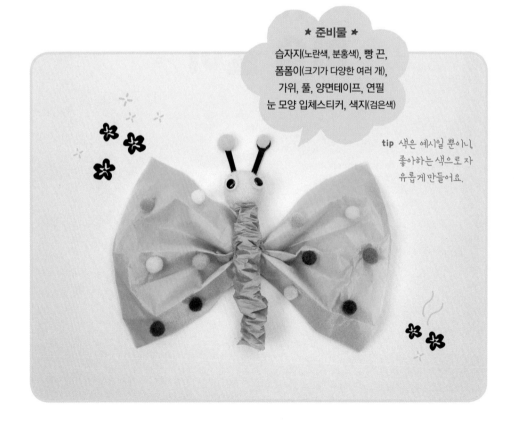

'도란도란 봄 동산' 단원은 봄에 대해 배우고 봄에 볼 수 있는 여러 가지 식물이나 곤충, 겨울잠에서 깨어난 동물들을 알아봐요. 나비 만들기를 하기 전에 아이와 관련 주제로 대화를 나누고 탐색해 보세요. 만들기에 더욱 도움이 될 거예요.

- "겨울잠을 자는 동물에는 무엇이 있을까?"
- "봄이 온 것을 가장 먼저 알려 주는 꽃은 무엇일까?"
- "봄에 할 수 있는 놀이는 무엇이 있을까?"

창의력
쑥쑥 활동

나비는 예쁘고 얇은 날개를 펼쳐 날아다녀요. 팔랑거리는 나비를 무엇으로 만들면 좋을까요? 나비의 특징을 나타낼 수 있는 재료를 찾아보세요.

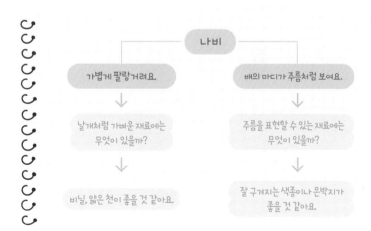

나비

가볍게 팔랑거려요.

배의 마디가 주름처럼 보여요.

날개처럼 가벼운 재료에는 무엇이 있을까?

주름을 표현할 수 있는 재료에는 무엇이 있을까?

비닐, 얇은 천이 좋을 것 같아요.

잘 구겨지는 색종이나 은박지가 좋을 것 같아요.

만들어 볼까요

{ 날개 만들기 }

❶ 노란색 습자지 2장을 이용해서 주름 접기를 해요.

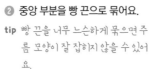

❷ 중앙 부분을 빵 끈으로 묶어요.

tip 빵 끈을 너무 느슨하게 묶으면 주름 모양이 잘 잡히지 않을 수 있어요.

❸ 접힌 부분을 살짝 펴줘요.

{ 몸통 만들기 }

❶ 분홍색 습자지 위에 연필을 올려두고 느슨하게 말아 준 뒤 풀로 붙여요.

❷ 습자지를 위에서 아래로 누른 뒤, 연필을 빼내면 몸통의 주름을 표현할 수 있어요.

❸ 접힌 습자지를 살짝 펴줘요.

❶ 몸통과 날개를 양면테이프를 이용
해서 붙여요.

❷ 큰 폼폼이를 몸통 위에 붙인 후
눈 모양 입체스티커를 붙여요.

❸ 작은 폼폼이를 이용해서 날개를 꾸
며요.

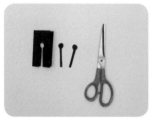
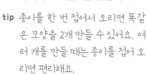

❹ 작은 폼폼이 사이즈에 맞춰 검은
색 색지로 더듬이를 만들어요.

tip 종이를 한 번 접어서 오리면 똑같
은 모양을 2개 만들 수 있어요. 여
러 개를 만들 때는 종이를 접어 오
리면 편리해요.

❺ 더듬이 위에 작은 폼폼이를 붙인
후 머리 위에 풀로 붙여 주면 완
성이에요.

나비 완성!

플러스 활동

만들기를 그대로 따라 하는 것도 재밌지만, 다르게 응용해
도 좋아요. 나비 몸통으로 만든 주름 부분을 활용하여 무엇
을 만들 수 있을지 상상해 보세요. 주름이 많은 애벌레도 만
들 수 있답니다. 주름 막대에 큰 폼폼이를 붙이고 눈과 입을
붙이면 귀여운 애벌레가 완성돼요.

퐁퐁 버블랩 나무 만들기

환경 위기 시계를 아나요? 지구 환경의 악화 정도를 나타내는 시계로, 매년 지구의 환경이 파괴된 정도를 시간으로 알려 주어요. 세계 환경 위기 시각은 현재 9시 47분이에요. 12시는 인류 멸망을 뜻한다고 해요. 매우 위험한 상황인데요. 어떻게 하면 환경 오염을 막고 지구를 살릴 수 있을까요? 나무 꺾지 않기, 쓰레기 아무 곳에나 버리지 않기, 재활용품 잘 분리해서 버리기 등 손쉽게 실천할 수 있는 자연 보호 방법이 많아요. 그 일환으로 우리가 손쉽게 찾을 수 있는 재활용품을 이용해서 재미있는 그림을 한번 만들어 보고자 해요.

★ 준비물 ★
버블랩, 고무줄, 골판지,
물감(수채화 물감 또는 아크릴 물감),
가위, 도화지, 화장지

'약속해요' 수업은 자연을 보호하는 방법을 알아보고, 쓰레기 재활용에 대해 배우고 표현해 보는 시간이에요. 만들기를 하기 전에 아이와 주제에 대해 대화해 보고 탐색해 보세요. 일상생활에서 벌어지는 환경 문제가 심각하다는 것을 자연스럽게 일깨워 줄 수 있어요.

- "자연환경이 오염된 것을 본 적이 있니?"
- "자연을 보호하는 방법에는 뭐가 있을까?"
- "재활용품 중에서 어떤 것을 이용해서 미술 작품을 만들면 좋을까?"

미술 활동을 해볼 수 있는 재활용품에는 무엇이 있을지, 또 어떻게 활용할 수 있을지 생각해 보세요. 이 과정에서 창의력이 발달돼요.

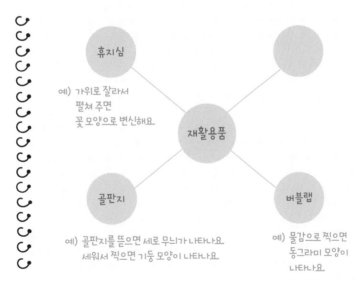

휴지심

예) 가위로 잘라서 펼쳐 주면 꽃 모양으로 변신해요.

재활용품

골판지

예) 골판지를 뜯으면 세로 무늬가 나타나요. 세워서 찍으면 기둥 모양이 나타나요.

버블랩

예) 물감으로 찍으면 동그라미 모양이 나타나요.

만들어 볼까요

① 가로 10cm, 세로 20cm 크기의 골 판지를 준비해요.

② 골판지에 나무 기둥을 그린 후 오려요.

매끈한 겉면과 달리 속지는 올록볼록해서 나무 껍데기를 표현하기 좋아요.

③ 골판지를 한 꺼풀 벗겨서 굴곡이 잘 보이도록 해요.

④ 도화지에 솜사탕처럼 몽실몽실 커다란 나뭇잎을 그려요.

⑤ 자르기를 한곳에서 시작하여 선을 따라 끝까지 잘라요.

⑥ 화장지 한 장과 버블랩을 준비해요.

⑦ 화장지를 뭉쳐 버블랩으로 감싼 뒤 고무줄로 묶어서 도장처럼 만들어요.

⑧ 찍고 싶은 색깔의 물감을 준비한 뒤 버블랩 도장에 묻혀요.

스텐실 기법이라고 해요.

⑨ 나뭇잎을 잘라 낸 종이를 올려놓은 뒤 버블랩 도장을 찍어요.

28

 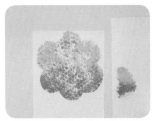 

⑩ 테두리 바깥으로 물감이 벗어나도 돼요. 다양한 색을 이용해서 옅게 혹은 짙게 연출해요.

tip 물감을 섞지 않고 동시에 찍으면 자연스럽게 그라데이션 효과를 낼 수 있어요.

⑪ 마지막으로 나뭇잎 모양의 종이를 떼어 내요.

tip 같은 곳을 여러 번 찍으면 색과 모양이 뭉개질 수 있어요. 동그라미 느낌을 살리고 싶다면 한 번씩만 찍어 주세요.

⑫ 골판지로 만들었던 나무 기둥을 붙이면 완성!

판화로 찍어 낸 명작이 있다고요?

'팝아트'라는 말을 들어 본 적이 있나요? 팝아트는 일상생활에서 쓰는 것들을 소재로 작품을 만드는 미술 양식이에요. 팝아트 이후 미술에 형식상 제약이 사라지면서 낙서를 비롯한 모든 것이 예술이 될 수 있고 누구나 예술가가 될 수 있는 시대가 열렸어요.

앤디 워홀의 유명한
마릴린 먼로 초상화 우표

팝아트의 대표 작가는 앤디 워홀이에요. 그는 작품의 대량 생산을 주장하며, 만화나 배우처럼 대중적인 이미지를 이용해 그들의 모습을 실크스크린 기법으로 나타냈어요. 마릴린 몬로라는 유명한 여배우의 얼굴을 촬영한 흑백 사진 한 장을 실크스크린 기법으로 몇백 장의 판화로 만들었지요.

실크스크린 기법은 우리가 해본 버블랩 도장을 이용한 스텐실 기법처럼 구멍을 이용한 판화 기법이에요. 스텐실이 모양을 오려 낸 뒤, 그 구멍을 통해 물감이나 잉크를 찍는다면, 실크스크린은 실크 천을 팽팽하게 고정시킨 나무틀을 이용해요. 실크 천으로 색을 찍지 않을 부분을 종이나 아교 또는 아라비아 고무액을 입혀 잉크가 통과하지 못하도록 막아요. 그런 다음 잉크를 붓고 롤러로 밀면, 막지 않은 부분에만 잉크가 실크 천의 올 사이를 통과하여 찍히게 되지요. 나무틀을 한번 만들어 두면, 여러 번 찍을 수 있기 때문에 대량 생산에 유용한 기법이랍니다.

카네이션 카드 만들기

가족 중에 고마운 사람이 있으면 어떻게 마음을 전할까요? 직접 "고마워."라는 말을 해서
전할 수도 있고, 마음을 담은 선물을 줄 수도 있겠지요. 이때 편지나 카드를 써서 함께 준
다면, 더 감동을 줄 수 있을 거예요. 가족에게 줄 카네이션 카드를 한번 만들어 보세요.
카네이션 카드를 만드는 방법을 알아두면 유용할 때가 많답니다. 스승의 날이나 어버이
날 등에 직접 만든 카네이션 카드를 선물할 수 있거든요.

★ 준비물 ★
색종이(빨간색, 초록색)
가위, 핑킹 가위, 풀,
도일리 페이퍼, 작은 리본,
색지, 양면테이프

'우리는 가족입니다' 단원에서는 우리 가족을 소개하고, 가족과 함께해서 좋았던 여러 가지 추억을 발표해요. 또 고마운 마음을 표현할 수 있는 다양한 방법을 배운 뒤 가족에게 감사의 마음을 표현해 보는 시간을 가져요. 만들기를 하기 전에 아이와 주제에 대한 대화를 해보고 탐색해 보세요.

- "동생이나 엄마 아빠에게 고마웠던 일이 있니?"
- "누구에게 마음을 표현해 볼까?"

창의력 쑥쑥 활동

카네이션을 자세히 관찰해 보세요. 관찰을 통해 카네이션이 어떤 꽃인지 알면, 눈으로 보지 않더라도 머릿속으로 떠올릴 수 있어요. 그 모습을 창의적으로 이미지화하여 만들기를 할 수 있어요.

꽃잎
꽃잎 끝이 뾰족뾰족해요.

꽃받침
꽃받침이 둥글고
길쭉해요.

잎
긴 잎이 달려 있어요.

만들어 볼까요

❶ 빨간색 색종이 2장을 겹쳐서 반으로 접어요.

❷ 다시 좌우로 반으로 접어요.

❸ 다시 반으로 접어서 작은 삼각형을 만들어요.

❹ 끝부분을 핑킹 가위로 둥글게 잘라요.

❺ 펼쳐서 4등분으로 잘라요.

❻ 여러 개의 삼각형을 서로 맞닿게 하여 붙여요.

tip 앞뒤 색이 다른 양면 색종이를 사용하면 더 예쁜 꽃 모양이 돼요.

❼ 초록색 색종이에 줄기와 잎을 그린 뒤 오려요.

❽ 색지를 카드 크기에 알맞은 크기로 자르고, 반으로 접어요.

❾ 펼쳐서 가운데에 도일리 페이퍼를 풀로 붙여요.

⑩ 한가운데에 만들어 둔 빨간색 꽃을 붙인 후 초록색 줄기와 잎을 붙여요.

⑪ 작은 리본을 양면테이프로 붙여서 완성해요.

플러스 활동

여러 개의 삼각형을 붙여서 만든 꽃을 반대로 붙이면 예쁜 트리를 만들 수 있어요. 크기가 다양한 삼각형을 붙여 트리를 만들고, 크리스마스카드로 활용해 보세요!

시원한 과일 부채 만들기

더운 여름이 왔어요. 너무 더워서 걷기도 힘들 때 더위를 식혀 주는 신기한 물건이 있답니다. 바로 부채인데요. 진짜 과일처럼 생생한 모양의 과일 부채를 만들어서 무더운 더위를 날려 보세요.

★ 준비물 ★
색지(초록색, 연두색, 주황색),
나무 막대, 가위, 풀,
공예풀, 네임펜, 양면테이프

'더위를 날려요' 수업은 여름에 사용하는 다양한 생활 도구에 대해 이야기를 나누어 보고, 부채에 대해 알아보는 시간이에요. 부채를 여러 가지 방법으로 만들어 보는 시간을 가지는데요. 만들기를 하기 전에 다음 대화를 나눠 보세요.

- "우리가 더울 때 더위를 식혀 주는 것들에는 무엇이 있을까?"
- "부채를 사용했을 때 좋은 점은 무엇일까?"
- "어떤 부채를 만들면 좋을까?"

오렌지나 수박 같은 과일을 잘라 절단면을 관찰하면 겉과 속의 모습이 달라 재미있어요. 과일의 겉과 속 모양을 다양한 방법으로 관찰해 보고 특징을 살려 그려 보세요. 이를 바탕으로 부채를 만들어 봄으로써 실험 관찰 과정(종류 분류하기→관찰하기→표현하기)을 체험할 수 있어요.

만들어 볼까요

① 초록색 색지를 반으로 접은 뒤 잘라요.

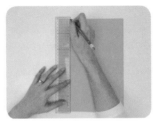

② 연두색 색지에 폭이 4cm인 선을 그어요.

③ 그린 선을 따라 잘라요.

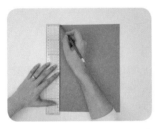

④ 주황색 색지에 폭이 0.5cm인 선을 그려요.

⑤ 그린 선을 따라 잘라요.

⑥ 초록색 색지 위에 연두색 색지를 붙인 후 초록색 색지 가장자리에 주황색 색지를 붙여요. 같은 방법으로 4장 만들어요.

⑦ 네임펜을 이용해서 일정한 간격으로 점을 찍어 키위 씨를 표현해요.

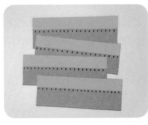

⑧ 4장 모두 일정한 간격으로 점을 찍어 키위 씨를 표현해요.

⑨ 뒷면에도 점을 찍은 후 종이를 반으로 접어요.

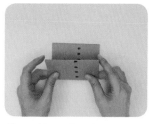

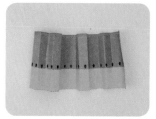

⑩ 또 반으로 접은 뒤 한 번 더 반으로 접어요.

tip 너무 두꺼운 종이는 접기가 힘들어요.

⑪ 총 4번을 접어 손가락 한 마디 정도의 폭으로 만들어요.

⑫ 종이를 펼쳐요.

⑬ 접은 선을 따라 한 방향으로 아코디언 접기를 해요.

⑭ 4장을 똑같은 방법으로 접어요.

⑮ 아코디언 접기를 마친 4장을 풀로 길게 이어 붙여요.

⑯ 모아서 포갠 뒤, 연두색 색지 부분을 고무줄로 고정해요.

⑰ 공예풀로 끝 면을 붙여서 고정시켜요.

tip 공예풀이 투명하게 변할 때까지 충분히 말려 주세요.

⑱ 공예풀이 잘 말랐으면, 양 끝을 잡고 한번 펴보세요.

tip 공예풀을 충분히 말려 줘야 튼튼한 부채를 만들 수 있답니다.

키위 부채
완성!

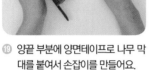

⑲ 양끝 부분에 양면테이프로 나무 막
대를 붙여서 손잡이를 만들어요.

✏️ 플러스 활동

키위 부채를 만드는 과정이 복
잡하다면, 사과 단면을 이용해
서 사과 부채를 만들어도 좋아
요. 모양 펀치를 이용해서 무
늬를 만들 수도 있어요.

명화 속의 부채 이야기

부채는 손으로 부쳐 바람을 일으킨다는 뜻의 '부'와, 대나무 또는 도구라는 뜻의 '채' 자가 어우러진 우리말이에요. 말 그대로 손에 쥐고 부쳐서 바람을 일으켜 더위를 식히는 물건이지요. 부채는 아주 오래전부터 사용됐어요. 그래서 명화 속에서도 부채를 종종 발견할 수 있는데요. 더위를 식히는 용도뿐만이 아니라 다양한 용도로 사용했음을 알 수 있어요.

〈담배 썰기〉　　　　〈씨름〉

풍속화의 대가 김홍도의 그림을 보면 부채를 사용하는 다양한 모습을 엿볼 수 있어요. 〈담배 썰기〉에서는 부채로 더위를 쫓으며 책을 읽는 사람이 나와요. 〈씨름〉에서는 부채로 더위를 쫓으며 구경하는 사람과 부채로 얼굴을 가리며 구경하는 사람이 나와요. 양반들은 신분이 높고 낮음에 따르는 번거로운 법도를 배려하여 부채로 얼굴을 가리기도 했다고 해요. 한국, 중국, 일본에서는 부채가 일상생활에서 매우 중요한 역할을 했어요. 유럽에서 부채가 사용된 것은 15~16세기로, 동양에서 건너온 부채를 매우 귀중한 물건을 여겼어요. 서양에서 부채가 전성기를 맞은 것은 18세기예요.

비가 와요! 토끼 우산 만들기

우리나라는 초여름인 6월말부터 7월말까지 비가 집중적으로 내리는 특징이 있어요. 바로 장마 때문인데요. 장마가 시작되면 흐리고 비가 오는 날씨가 계속 이어져요. 그래서 장마 때는 우산을 꼭 들고 다녀야 해요. 귀여운 토끼 우산을 만들어서 장마를 대비해 볼까요? 교과서에서는 부록으로 실려 있는 우산 모양 투명지를 활용해서 만들기를 하는데요. 집에서는 재료를 색지로 바꾸어서 조금 더 안전하고 간단하면서도 귀여운 우산을 만들어 보세요.

★ 준비물 ★

색지(노란색), 자, 컴퍼스,
눈 모양 입체스티커, 모루,
빨대, 네임펜, 색종이, 리본,
송곳, 유리테이프, 풀, 가위

41

'우산 만들기' 수업은 비가 오는 날의 생활 모습을 살펴본 뒤, 비 오는 날의 필수품인 우산을 창의적으로 만들어 보는 시간이에요. 만들기를 하기 전에 다음 대화를 나눠 보세요.

- "비 오는 날 사용하는 도구에는 무엇이 있을까?"
- "어떤 모양의 우산을 만들어 볼까?"
- "어떤 재료로 우산을 만들면 좋을까?"

만들기를 할 때, 예쁘면서도 차별화된 만들기를 하고 싶지만 좋은 아이디어가 쉽게 떠오르지 않아요. 이럴 때는 주제를 중심으로 마인드맵을 그려 연상하기를 해보세요. 그래도 생각이 안 난다면 '이슬비 내리는 이른 아침에~'로 시작하는 동요 〈우산〉을 아이와 함께 부르면서 힌트를 얻어도 좋아요. 노래를 부르며 가사 속에 나오는 우산을 머릿속에 떠올려 보세요.

우산을 어떻게 만들까?		어떤 주제로 만들까?
1. 색종이를 붙여서 만들까?	→	1. 과일?
2. 무늬를 그려 넣을까?		2. 동물?
3. 스티커를 활용해 꾸밀까? 등		3. 꽃? 등

만들어 볼까요

① 노란색 색지를 준비한 후 컴퍼스를 사용해 원을 그려요.

② 자를 사용해 원의 중심부터 원의 둘레 선까지 직선을 그어요.

③ 선을 따라 자른 뒤, 자른 직선을 서로 겹치면 고깔 모양이 돼요.

④ 고깔 모양의 안쪽 부분을 유리테이프로 1차 고정시킨 후, 바깥 부분은 자국이 보이지 않게 풀이나 양면테이프로 붙여요.

⑤ 중심부를 송곳으로 뚫어요.

⑥ 송곳으로 뚫은 부분에 모루를 넣은 후 하트 모양으로 꼬아 고정시켜요.

⑦ 빨대 속에 모루 끝부분을 넣어 끼워요.

tip 빨대가 구부려지는 쪽이 손잡이가 되니, 반대쪽 부분으로 넣어요.

⑧ 빨대 끝부분을 구부린 후 밖으로 빠져나온 모루를 둥글게 말아서 고정시켜요. 모루 길이가 너무 길면 잘라요.

⑨ 노란색 색종이를 이용해 토끼 귀를 만들어서 오려요.

⑩ 주황색 색종이로 속귀를 만들어
요.

⑪ 살구색 색종이로 볼을 만들어요.

tip 볼은 조금 크게 만들어야 귀여운
느낌을 줄 수 있어요.

⑫ 토끼 귀와 코, 볼을 풀로 붙이고,
눈 모양 입체스티커를 붙여요. 네
임펜으로 수염과 입도 그려요.

우산 완성!

⑬ 리본을 붙여서 완성해요.

tip 작품의 색은 참조일 뿐이니 자유
롭게 바꿔 사용해도 좋아요. 작품
의 색을 고를 때는 주된 색을 먼저
결정한 뒤 꾸밈 요소들을 그와 비
슷한 색으로 맞추면 통일감을 줄
수 있어요.

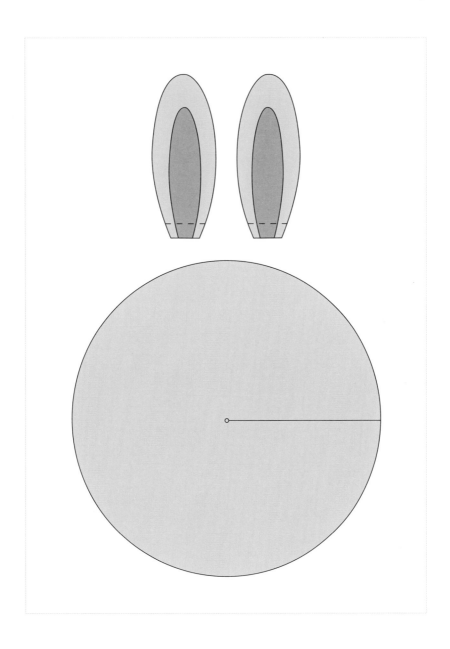

손가락 도장 이웃 만들기

이웃이란 무슨 뜻일까요? 사전에서는 '가까이 사는 집이나 그런 사람'이라고 정의해요. 내 주변에 있는 이웃은 어떤 분들인지 생각해 보고 손가락 도장으로 간단하게 표현해 보세요. 방법은 간단하지만 그 사람의 특징을 단순하면서도 잘 표현해야 해서 조금 어렵게 느껴질 수 있어요. 먼저 주변에 어떤 이웃이 있는지 명단을 작성해 보세요. 그리고 그분들이 어떤 특징을 가지고 있는지(머리 모양, 안경 유무 등등), 어떻게 표현하고 싶은지 충분히 대화를 나누세요. 요령을 익히고 나면 어렵지 않아요. 깔깔깔 웃으며 재미있게 할 수 있는 활동이에요.

★ 준비물 ★
스탬프 잉크,
네임펜

46

'우리 가족과 이웃' 수업은 우리 가족을 통해서 알게 된 이웃을 떠올려 보고 이웃의 모습을 다양하게 표현해 보는 시간이에요. 가까이 사는 사람뿐 아니라 멀리 살아도 친하게 지내는 사람도 우리의 이웃이 될 수 있음을 배워요. 미술 활동을 하기 전에 다음 대화를 나눠 보세요.

- "이웃에는 누가 있을까?"
- "가족을 통해 알게 된 이웃에는 누가 있을까?"
- "이웃들과 있었던 일 중 기억에 남는 일이 있니?"
- "가까이 살지 않아도 친하게 지내는 이웃에는 누가 있을까?"

각 이웃의 특징을 정확하게 표현하는 게 가장 중요해요. 표현하고 싶은 이웃을 고르고, 그 이웃을 묘사하는 말들을 적어 보세요(플러스 활동의 표를 활용해도 좋아요.). 아이의 표현력 발달에도 좋아요.

예) 슈퍼 아주머니 – 꼬불꼬불 파마머리, 까만 얼굴, 활짝 웃는 얼굴 …
　　빵집 아저씨 – 하얀 제빵사 복장, 동그란 안경 …

만들어 볼까요

{ 옆집 언니 만들기 }

① 손가락에 스탬프 잉크를 묻혀 종이에 손가락 도장을 찍어요.

tip 손가락에 잉크를 많이 묻혀야 선명하게 손가락 도장이 나온답니다.

② 손가락 도장 위에 네임펜으로 이웃의 얼굴을 꾸며요.

③ 간단하게 특징을 살려서 완성해요.

{ 다른 이웃 예시 }

〈친구 동생〉 〈경찰 아저씨〉 〈옆집 아주머니〉

〈옆집 할머니〉 〈동네 오빠〉 〈의사 선생님〉

나를 중심으로 알게 된 이웃을 예쁜 판
으로 만들어서 정리해 보세요.
하나의 멋진 작품이 된답니다.

내가 선택한 이웃을 간략하게 표현해 보세요.

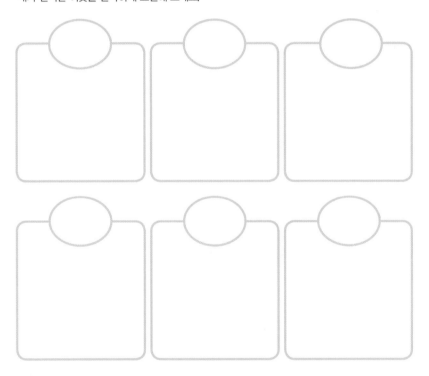

베 짜기 기법으로 만든 복주머니

우리 민족 고유의 옷인 한복은 고유의 색감과 우아한 자태로 유명해요. 평상시에는 잘 입지 않지만, 여전히 명절에는 예쁘게 차려입은 사람들을 볼 수 있어요. 그런데 옛날 사람들은 이렇게 고운 한복을 어떻게 만들 수 있었을까요? 한복이 되는 옷감을 만들기 위해서는 베 짜기를 해야 해요. 베 짜기는 베틀을 사용해 실을 가로세로 엮어 옷감을 짜내는 일을 말해요. 베 짜기 기법을 이용해서 멋진 복주머니를 만들어 보세요.

★ 준비물 ★
흰 종이, 색지(빨간색, 검은색)
여러 가지 색종이,
풀, 가위, 연필

'현규의 추석' 단원에서는 우리나라 큰 명절인 추석에 대해 알아보고, 우리나라 전통 의상인 한복에 대해 배워요. 만들기를 하기 전에 다음 대화를 나눠 보세요.

- "한복을 입거나 보았을 때 어떤 느낌이 들어?"
- "다른 나라의 전통 의상 중에 알고 있는 것이 있니?"
- "한복은 어떤 색깔로 되어 있니?"
- "어떤 색깔의 한복을 만들고 싶니?"

창의력
쑥쑥 활동

바구니, 돗자리처럼 우리 일상에서 베 짜기 기법으로 만들어진 물건을 찾아서 적어 보세요.

예)

바구니

만들어 볼까요

접은 후 자르면 좌우가 대칭되게 자를 수 있어요.

① 흰 종이를 반으로 접은 뒤 복주머니 모양을 반쪽만 그려 잘라요.

② 빨간색 색지 위에 자른 복주머니 모양을 대고 그려요.

③ 복주머니 가운데를 중심으로 위와 아래에 보조선을 그린 후 1.5cm 폭으로 선을 그어요.

④ 복주머니 모양을 반으로 접어 가위로 선을 따라 잘라요.

⑤ 여러 가지 색깔의 색종이를 1cm 폭으로 잘라서 준비해요.

⑥ 첫 번째 줄 색종이는 위-아래-위-아래 순으로 반복해서 끼워 넣고, 두 번째 줄 색종이는 반대로 아래-위-아래-위 순으로 반복해서 끼워 넣어요.

⑦ 여러 가지 색을 서로 엇갈리게 반복해서 끼워 넣어요.

⑧ 검은색 색지를 반으로 접어 리본을 그린 후 잘라요.

⑨ 남은 검은색 색지를 길게 자른 후 리본과 함께 붙여서 완성해요.

간격을 촘촘하게 잘라 주면 더 섬세
한 베 짜기를 할 수 있어요. 아이들
에게는 조금 위험할 수 있으니 부모
님이 먼저 칼로 잘라 주면 안전하고
깔끔하게 베 짜기를 해볼 수 있어요.
베 짜기 기법만 알면 예쁜 복주머니
도 만들 수 있답니다.

만약 아이가 베 짜기 활동을 어려워
한다면, 큰 종이를 준비한 뒤 넓은 폭으로 색지를 오려 베 짜기 요령을 먼저 연습해
보세요. 요령만 터득하면 손쉽게 할 수 있어요. 자신감이 붙은 아이는 촘촘한 베 짜
기도 능숙하게 해낼 거예요.

추석에 뭐 먹지? 명절 음식 만들기

추석은 명절 중에서도 상차림이 가장 풍성해요. 추석이 있는 가을은 한해 농사를 끝내고
오곡을 수확하는 시기이기 때문이지요. 그만큼 맛있는 먹을거리가 많은데요. 클레이를
이용해서 여러 가지 추석 음식을 만들어 봐요. 클레이는 모양을 만들기 쉽고 색도 다양해
서 쉽게 작품을 만들 수 있는 재료예요. 손가락 힘을 기르기에도 아주 좋지요. 저학년 때
클레이나 찰흙 같은 재료를 많이 만져 볼수록 손 조작 활동이 좋아져 세밀한 표현이 가능
해져요.

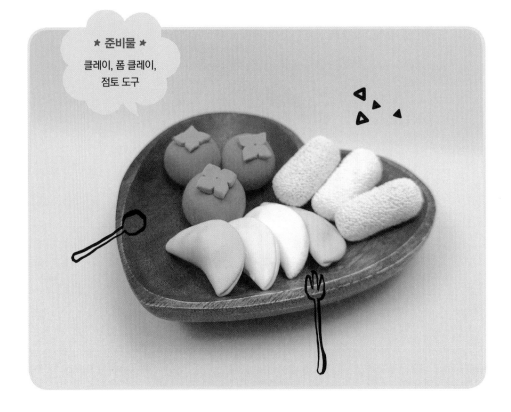

★ 준비물 ★
클레이, 폼 클레이,
점토 도구

'추석 상차림' 수업은 추석 명절 음식에 대해 알아보고 표현해 보는 시간을 가져요. 추석 음식 만들기를 하기 전에 아이와 주제에 대해 대화를 나눠 보세요.

추석 상차림은 지역의 특색에 따라 다양하게 차려질 수 있음을 꼭 얘기해 주세요. 제주도는 빵, 충청도는 피문어, 전라도는 홍어처럼 상차림이 조금씩 달라요.

- "추석 때 먹은 것 중 가장 맛있는 게 무엇이었니?"
- "어떤 음식을 만들어 보고 싶니?"

클레이는 이미 다양한 색으로 만들어져 나오지만, 기본 5색(빨간색, 파란색, 노란색, 검정색, 흰색)을 섞어서 나만의 색을 만들 수도 있어요. 비율에 따라 미묘하게 달라지는 색의 변화를 눈으로 확인하는 재미가 있어요. 다음은 기본 5색으로 만들 수 있는 색깔 예시예요. 무슨 색이 나올지 먼저 추리해 보세요.

- 빨간색 + 노란색 = (   )
- 빨간색 + 검정색 + 노란색 = (   )
- 노란색 + 파란색 = (   )
- 초록색 + 노란색 = (   )
- 빨간색 + 흰색 = (   )
- 파란색 + 빨간색 = (   )

정답 : 주황색, 갈색, 초록색, 연두색, 분홍색, 보라색

{ 송편 만들기 }

❶ 흰색과 빨간색 클레이를 2:8로 섞어서 분홍색을 만들어요.

tip 클레이를 섞는 중간중간 공기를 빼줘야 해요.

❷ 만든 분홍색 클레이와 흰색 클레이를 1:1로 섞어서 연한 분홍색을 만들어요.

❸ 연한 분홍색 클레이를 알밤 크기 정도로 잘라요.

❹ 연한 분홍색 클레이를 동그랗게 빚어요. 노란색 클레이는 작게 잘라 동그랗게 빚어요.

❺ 동그랗게 만든 연한 분홍색 클레이를 얇게 펴요.

❻ 가운데에 작게 만들어 놓은 노란색 클레이를 넣어요.

❼ 반으로 접은 후 가장자리를 살짝 눌러 붙이면 송편이 완성돼요.

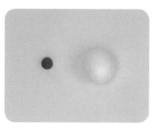

❽ 쑥색(초록색+검은색)과 흰색 클레이를 섞어서 연한 쑥색을 만들어요.

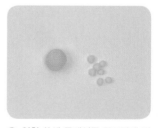

❾ 연한 쑥색 클레이를 동그랗게 빚고, 노란색 클레이는 작게 잘라 동그랗게 빚어요.

송편 완성!

⑩ 동그랗게 만든 연한 쑥색 클레이를 얇게 편 뒤, 가운데에 노란색 클레이를 넣어요.

⑪ 반으로 접은 후 가장자리를 살짝 눌러 붙이면 송편이 완성돼요.

{ 한과 만들기 }

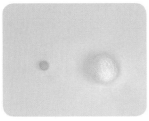

① 연한 쑥색 클레이와 흰색 폼 클레이를 1:10의 비율로 준비해요.

tip 폼 클레이는 꾸덕꾸덕 진득해서 옷에 묻으면 빨리 세탁을 해야 잘 지워져요.

② 두 개를 잘 섞은 뒤 살짝 밀어 소시지 모양을 만들어요.

③ 끝을 살짝 다듬어요.

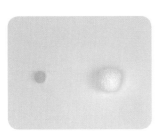

한과 완성!

④ 연한 분홍색 클레이와 흰색 폼 클레이를 2:8로 준비해요.

⑤ 두 개를 잘 섞은 뒤 살짝 밀어 소시지 모양을 만들어요.

⑥ 끝을 살짝 다듬으면 완성돼요.

① 초록색 클레이를 작은 사이즈로
동그랗게 만들어요.

② 동그랗게 만든 클레이를 눌러 납
작하게 만들어요.

③ 4면으로 칼집을 넣어 줘요.

④ 끝부분을 다듬어 살짝 뾰족하게
만들어요.

⑤ 모양을 잘 다듬어 주세요.

⑥ 주황색 클레이를 중간 사이즈로
동그랗게 만들어요.

⑦ 주황색 클레이를 눌러 납작하게
만들어요.

감 완성!

⑧ 주황색 클레이 위에 잎을 붙이면
감이 완성돼요.

밤은 가을을 대표하는 열매예요. 클레이를 이용해서 밤도 한번 만들어 보세요.

노랑색, 빨강색, 검정색을 6 : 3 : 1의 비율로 섞으면 먹음직스러운 갈색이 만들어져요. 조금 더 연한 갈색을 만들고 싶다면 갈색과 노란색을 섞으면 돼요.

색의 3요소가 뭐예요?

"가족들과 가까운 바다로 여행을 갔어. 파란 하늘에 하얀 구름이 몽실몽실 떠다니고 바다는 매우 아름다운 에메랄드색이었어. 그날 난 너무 행복했어."

이 글을 읽었을 때 어떤 느낌이 드나요? 여기에서 만일 색이 빠진다면 아름다움을 느낄 수 없을 것 같아요. 색은 감정을 표현하는 수단이 되어요. 그래서 미술에서 없어서는 안 되는 중요한 요소이지요. 오늘 색에 대해 알아보고 이해해 보는 시간을 가져 봐요.

먼저 색은 명도, 채도, 색상 이렇게 기본 3요소를 가지고 있어요.

명도는 색의 밝고 어두움을 말해요. 0단계 검정부터 11단계 흰색까지 총 11단계로 나타내요. 채도는 색의 순수하고 선명한 정도를 뜻해요. 어떤 색도 섞이지 않은 순수한 색을 채도가 높다고 말해요. 채도가 높으면 또렷해 보이고 채도가 낮으면 탁하게 보여요. 단계는 14단계까지 나타내요. 색상은 다른 색과 구별되는 색의 독특한 성질을 말해요. 빨강, 노랑, 파랑처럼 확연히 색을 구분해서 보기 편하게 원으로 표시한 것을 색상환이라고 해요. 오른쪽 그림을 20 색상환이라고 해요.

20 색상환

추석을 소개해요! 추석책 만들기

추석은 매년 음력 8월 15일로, 다른 말로 한가위(순우리말)라고도 해요. 명절마다 먹는 음식과 놀이가 다른데요. 추석만의 특징을 알아보고 추석을 소개하는 예쁜 책을 만들어 보려고 해요. 자연스럽게 우리나라 전통문화의 풍습을 이해하고 습득하는 기회가 될 거에요. 책 만들기는 학습 효과를 높이는 아주 좋은 도구에에요.

★ 준비물 ★
크기가 다양한 색종이,
색지, 리본, 네임펜, 색연필,
풀, 가위, 추석 관련 사진

교과서 엿보기

'현규의 추석 이야기' 수업은 추석을 지냈던 경험을 떠올리면서 추석에 대해 알아보고 책으로 만들어 보는 시간을 가져요. 이때 배운 내용은 3학년 2학기 사회 '시대마다 다른 삶의 모습'에서 다시 접하게 돼요. 추석에 대해 정확하게 알아두면 3학년 수업 때 수월하게 배울 수 있지요. 추석책 만들기를 하기 전에 아이와 관련 주제에 대해 이야기를 나눠 보세요.

- "추석 때 가장 즐거웠던 경험이 뭐니?"
- "추석이라고 하면 가장 먼저 떠오르는 게 뭐니?"
- "어떤 주제로 추석을 소개하면 좋을까?"

창의력 쑥쑥 활동

책에 어떤 내용을 담아야 할지 잘 모르겠을 때는 우선 추석과 관련하여 떠오르는 주제들을 꼬리에 꼬리를 무는 방식으로 적어 보면 도움이 돼요. 자유롭게 적은 뒤 이 중에서 아이가 흥미로워하거나 재밌어하는 내용을 중심으로 책을 만들어 보세요.

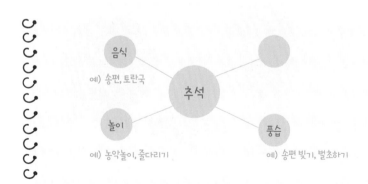

음식
예) 송편, 토란국

추석

놀이
예) 농악놀이, 줄다리기

풍습
예) 송편 빚기, 벌초하기

➊ 가로세로가 30cm인 색종이를 준비해요.

➋ 위아래로 반을 접은 뒤 좌우로도 반을 접어요.

➌ 색종이를 펼친 뒤 이번에는 대각선으로 반을 접어 삼각형 모양으로 만들어요.

➍ 접은 색종이를 펼친 후 종이 안쪽으로 접힌 부분을 잡아요.

➎ 그대로 아래쪽으로 누르면 사각형이 만들어져요.

➏ 사각형으로 모양을 정돈해요.

➐ 사각형의 끝부분에 부채꼴 모양을 그려 줘요.

➑ 그린 선을 따라 자르면 부채꼴 모양의 속표지가 완성돼요.

➒ 겉표지로 사용할 연두색 색지를 반으로 접어요.

⑩ 속표지 모양을 따라 속표지보다 크게 그려서 오려요.

⑪ 연두색 겉표지에 분홍색 속표지를 풀로 붙여요.

⑫ 책을 펼치면 꽃 모양이 나타나요.

관련 스티커를 활용하거나 그림을 그려 붙여도 좋아요.

⑬ 속표지에 주제별로 추석과 관련한 사진들을 프린트해서 미리 배치를 해봐요.

tip 추석을 소개하는 부분과 놀이, 음식, 풍습 등 주제 구역을 정해요.

⑭ 소개 내용을 적어 넣을 설명표도 함께 배치해 봐요.

⑮ 각 위치에 맞게 사진과 설명표를 붙여요.

글자가 잘 보이도록 색은 많이 사용하지 않아요.

⑯ 네임펜과 색연필로 설명하는 글을 추가하여 완성해요.

⑰ 겉표지에 장식을 오려 붙여요.

⑱ 책 제목을 써넣고 자유롭게 꾸며요.

추석 책
완성!

플러스 활동

추석을 소개하는 좋은 책이 많아요. 다음 책들을 찾아 읽어 보세요. 우리나라 세시풍속에 대해 더 자세히 알 수 있어요.

『분홍 토끼의 추석』
김미혜 글 | 박재철 그림 | 비룡소

달나라 토끼가 절굿공이를 잃어버렸어요. 이를 찾으러 땅으로 내려온 토끼가 바라본 추석의 모습을 그리고 있어요. 송편 빚기, 줄다리기, 강강술래 등 다양한 풍습을 재미있게 소개해요.

『더도 말고 덜도 말고 한가위만 같아라』
김평 글 | 이김천 그림 | 책읽는곰

추석은 쉬는 날 정도로만 생각하는 아이들이 늘고 있어요. 옛날 조상들의 풍요롭고 정겨운 추석 풍경을 고스란히 보여 줌으로써 진정한 추석 명절의 모습을 알려 주어요.

『솔이의 추석 이야기』
이억배 글·그림 | 길벗어린이

추석날 아침 고향으로 출발하는 솔이 가족의 모습을 그려 낸 책이에요. 명절을 쇠지 않는 가족이 늘고 있는 만큼, 전통적인 명절날 풍경을 엿볼 수 있어요.

세계가 사랑하는 우리 그릇 만들기

우리나라 도자기는 맑은 빛깔과 고유의 색, 우아한 곡선으로 전 세계적으로 아름답다는
찬사를 받고 있어요. 임진왜란 때는 우리의 도자기를 탐낸 일본인들이 수많은 도공(도자
기 공예가)들을 잡아가기도 했어요. 도자기는 보통 찰흙을 빚어서 만들어요. 이때 손으로
점토를 둥글고 길게 만든 후 쌓아 올려서 만들거나(타래 성형 기법), 사각형 모양의 점토판
으로 만들거나(판 성형 기법), 물레를 이용해서 만드는(물레 성형 기법) 등 여러 가지 기법이
있어요. 이중에서 타래 기법을 이용해서 그릇을 만들어 보고자 해요. 그릇 만들기는 공예
부분에서 가장 대표적인 만들기 활동이에요. 학년마다 그릇 만들기는 항상 있기 때문에
타래 기법을 익혀 두면 매 학년마다 쉽게 그릇 만들기 활동을 할 수 있어요.

★ 준비물 ★

지점토, 종이컵,
찰흙 칼과 주걱, 밀대, 붓,
물통, 물, 수채화 물감

'여기는 우리나라'란 단원은 우리나라 전통 옷과 음식, 노래, 그릇 등 우리나라를 대표하는 것들에 대해 배우고 표현해 보는 시간이에요. 그릇 만들기 활동을 하기 전에 도자기와 관련된 이야기를 나눠서 어떻게 만들 것인지를 구체적으로 그려 볼 수 있도록 도와주세요.

• "기억에 남는 도자기가 있니?"
• "그 도자기의 무늬와 색은 어땠어?"
• "너는 어떤 그릇을 만들고 싶니?"

연상 활동을 통해서 어떤 모양으로 만들 수 있을지를 먼저 생각해 보게 하세요. 그러면 아이 스스로 만들고 싶은 그릇의 모양을 조금씩 찾아갈 거예요. 정답이 있는 게 아니니 예시는 참조하되 아이가 자유롭게 떠올리도록 해주세요.

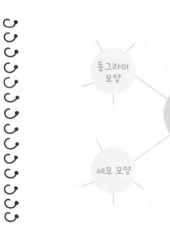

만들어 볼까요

① 지점토를 준비해요.

② 지점토를 500원짜리 동전 크기 만큼 떼어 밀대로 밀어 평평하게 만들어요.

③ 종이컵을 이용해서 동그랗게 바닥판을 만들어요.

④ 바닥판을 찰흙 칼로 잘라요.

⑤ 손가락에 물을 묻혀 자르면서 거칠어진 테두리 부분을 정리해요.

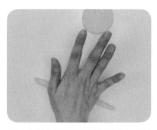

⑥ 지점토를 500원짜리 동전 크기보다 작게 떼어서 두께가 일정한 끈 모양을 만들어요.

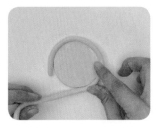

⑦ 물로 살짝 적신 후 바닥판 둘레를 따라서 붙여요.

tip 지점토가 말라서 잘 안 붙을 때는 물을 발라서 붙여요. 완전히 말라 떨어진 지점토는 공예풀로 붙여요.

⑧ 아래에서부터 한 겹씩 쌓아 올려요.

tip 길게 만들어서 돌돌 말아 쌓아 올려도 돼요.

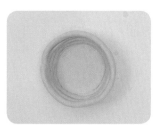

⑨ 높이가 똑같아야 더욱 예쁜 그릇을 만들 수 있어요.

⑩ 잎사귀 모양을 찰흙 주걱으로 만들어요.

⑪ 잘라 낸 잎사귀 모양을 그릇에 붙여요.

⑫ 그늘에 완전히 말린 후, 수채화 물감으로 색칠해요.

나뭇잎 그릇 완성!

⑬ 다양한 색을 사용해서 알록달록 색칠하면 완성돼요.

플러스 활동

타래 기법으로 그릇 모양을 만든 후 토끼 얼굴과 토끼 발을 붙여서 예쁜 토끼 그릇을 만들 수 있어요. 이를 응용해서 나만의 그릇을 만들어 보세요.

물감의 종류에 따라 그림의 느낌이 달라져요

'그릇 만들기' 때 수채화 물감으로 색칠했는데요. 아크릴 물감을 사용해도 좋아요. 붓 터치 자국이 남는 수채화 물감과 달리 아크릴 물감은 선명하고 깔끔한 느낌이 나요. 아크릴 물감으로 색칠한 뒤에 니스를 발라 주면 그릇이 반짝반짝 빛이 나요. 단 충분히 말려야 해요. 왜 이런 차이가 나는 걸까요? 물감마다 특징이 있기 때문인데요. 각 재료의 특징을 알면 미술 활동을 할 때 많은 도움이 돼요.

수채화
수채화는 말 그대로 물을(물 수, 水) 이용해 채색하는(채색 채, 彩), 그림(그림 화, 畵)을 뜻해요. 맑고 투명한 느낌이 특징이에요. 물에 잘 풀어지고 같은 색이라도 물에 양에 따라 다양한 색으로 표현할 수 있어요.

아크릴
유아 때부터도 많이 사용해서 아이들에게도 대단히 익숙한 물감이에요. 유화 물감에 비해 사용이 간편하고 발색이 좋아요. 건조 시간도 짧아서 쓰기 편해요. 또 나무나 금속 플라스틱 같은 모든 재질에 사용이 가능해서 만들기를 할 때 두루 쓰여요.

유화
기름에 개어서 사용하기 때문에 번거롭고 건조 시간이 길지만 발색이 좋으며 오랜 보관이 가능해요.

폴 세잔 〈커튼이 쳐진 정물화〉

뱅글뱅글 우주선 팽이 만들기

오늘은 CD를 이용해서 우주선 팽이를 한번 만들어 볼게요. 팽팽 돌아가는 팽이 윗부분을 예쁘게 색칠하고 장식할 거예요. 여러 색으로 칠한 팽이를 빠르게 돌리면 다른 색이 나타나는 것을 볼 수 있어요. 이처럼 두 가지 이상의 색이 직접 섞이지 않았음에도 혼색 효과를 내는 것을 '중간 혼합'이라고 해요. 색채 부분에서 중요하게 배우는 내용 중 하나랍니다. 예를 들어 노란색과 파란색으로 칠한 팽이를 빠르게 돌리면 두 색을 혼합한 색인 초록색으로 보이게 되는데요. "빨간색과 주황색으로 칠한 팽이를 돌리면 어떤 색이 나올까?" 등 만들기를 하면서 질문해 보세요. 팽이는 색의 혼합을 직접 관찰하는 기회가 된답니다.

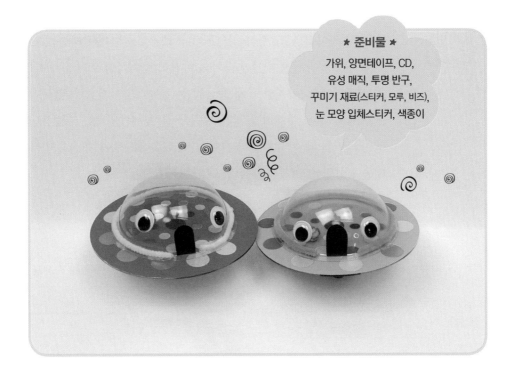

★ 준비물 ★

가위, 양면테이프, CD,
유성 매직, 투명 반구,
꾸미기 재료(스티커, 모루, 비즈),
눈 모양 입체스티커, 색종이

'우리의 겨울' 단원에서는 겨울이란 계절의 변화에 대해 알아보고 겨울의 모습을 다양하게 표현해 보는 시간을 가져요. 딱지나 팽이 치기 같은 겨울 놀이에 대해서 알아본 뒤 다양한 재료와 방법으로 팽이를 만들어 보는데요. 만들기를 하기 전에 아이와 관련 주제에 대해 대화를 나눠 보세요.

- "팽이를 가지고 놀아 본 적 있어?"
- "팽이 종류에는 어떤 것들이 있을까?"
- "어떤 모양의 팽이를 만들고 싶어?

창의력
쑥쑥 활동

팽이는 어떻게 쓰러지지 않고 뱅글뱅글 돌아가는 걸까요? 가벼울 수록 잘 돌아갈까요? 팽이에는 못이나 쇠구슬을 박기도 하는데요. 어느 정도 무게가 있어야 바닥과의 마찰이 줄어들어 오래 돌 수 있기 때문이에요. 하지만 무게 중심이 한쪽으로 쏠리게 되면 팽이가 쓰러져요. 무게 중심이 균형을 이뤄야 잘 돌 수 있지요. 그렇다면 팽이를 만들 때 어떻게 해야 할까요? 못이나 쇠구슬을 대신해서 무엇을 활용할 수 있을까요? 한번 적어 보세요.

❶ 먼저 CD 한 장을 준비해요.

❷ CD의 윗면을 색종이로 붙여 주세요. 반짝이지 않는 면이 윗면이에요.

tip 팽이는 위쪽이 무거우면 잘 돌지 못해요. CD 윗면의 장식을 가볍게 해주세요.

❸ 색종이 위에 알록달록한 스티커를 붙여 꾸며요.

❹ 다양한 색깔의 유성 매직으로 CD 뒷면인 반짝이는 면을 색칠해요.

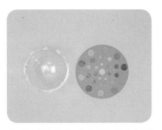

❺ 투명 반구의 테두리를 따라 양면 테이프를 붙여요.

❻ 투명 반구를 CD 윗면 중앙에 붙여요.

투명 반구가 중심을 잡을 수 있을 만큼 비즈를 넣어 주세요.

❼ CD의 구멍을 통해 비즈를 넣어서 중심을 잡아 줘요.

tip 비즈가 없으면 콩으로 대체해도 좋아요.

❽ 투명 반구를 양면테이프로 중앙에 붙여요.

❾ 투명 반구에 눈 모양 입체스티커를 붙여요.

⑩ 투명 반구 가장자리 부분을 양면 테이프를 사용해 모루를 붙여요. 단 눈 사이 부분은 비워 두어요.

tip 종이띠로 둘러 주어도 돼요. 모루는 글루건으로 붙이면 떨어지지 않아요. 글루건은 꼭 부모님께 부탁하세요.

⑪ CD 뒷면에도 투명 반구를 따라 모루를 붙힌 후 중앙에 별 모양 스티커를 붙여요.

⑫ 모루를 두르지 않은 부분에 우주선 느낌이 나도록 작은 문을 잘라 붙여요.

⑬ 아래에도 문을 붙이면 완성돼요.

점으로 그린 그림이 있다고요?

'팽이 만들기'를 통해 실제로 색이 섞이는 것이 아니라 착시로 색이 섞여 보이는 중간 혼합에 대해서 소개했어요. 중간 혼합은 팽이에서 보는 것과 같은 회전 혼합과 병치 혼합이 있어요. 병치 혼합이란 패턴이 있는 직물이나 색점이 혼합되어 중간색으로 보이는 것을 뜻해요. 예를 들어 노란색 실과 파란색 실로 짠 니트를 멀리서 봤을 때 그 중간색인 초록색으로 보이는 걸 말해요. 보통 눈의 착시 현상을 나타나지요.

병치 혼합을 가장 잘 설명해 주는 회화가 있는데요. 바로 '점묘화'예요. 점묘화는 수많은 점을 찍어서 그린 그림인데, 색을 섞지 않고도 색을 섞은 효과를 낼 수 있지요. 점묘화로 유명한 작가는 조르주 쇠라예요.

〈아스니에르에서의 물놀이〉

다음 그림은 쇠라가 점묘법을 적용해서 그린 첫 번째 작품이에요. 쇠라는 혼합한 색보다 우리 눈에서 섞인 색이 더 밝고 생생한 효과를 준다고 생각하여 색점을 찍어 그림을 그렸어요.

집에서도 쉽게 점묘화를 경험할 수 있어요. 면봉이나 손가락으로 물감을 찍어서 나타내거나 간단하게 사인펜으로 점을 찍어서 그림을 그릴 수도 있지요. 그래서 유아 미술 교육에도 많이 이용되고 있어요. 오늘 아이와 병치 혼합으로 표현된 점묘화에 대해 알아보고 사과처럼 간단한 사물을 그려 보는 시간을 가져 보는 건 어떨까요?

블링블링 겨울나무 만들기

겨울 하면 무엇이 가장 먼저 떠오르나요? 많은 친구들이 하늘에서 펑펑 내리는 하얀 눈을 떠올릴 거예요. 나뭇잎이 떨어져 앙상하게 가지만 남은 나무도 하얀 눈이 소복하게 쌓이면 아름다운 풍경 속의 주인공이 돼요. 겨울나무를 한번 만들어 보면 어떨까요? 나뭇가지를 주워 예쁘게 색칠하고, 장식해요. 나뭇가지를 어떻게 색칠하냐고요? 비장의 무기, 아크릴 물감만 있으면 겉면이 거칠고 투박해도 쉽게 색칠할 수 있어요.

★ 준비물 ★

주운 나뭇가지,
아크릴 물감(흰색), 다양한 비즈,
폼폼이, 양면테이프,
천사 점토(또는 클레이),
예쁜 받침 그릇

'송이송이 하얀 꽃송이' 수업은 눈처럼 겨울에만 볼 수 있는 풍경을 관찰하고 체험하는 활동과 만들기 활동으로 구성되어 있어요. 아이와 함께 소복하게 눈이 쌓인 겨울나무를 꾸며 보면서 겨울에 대한 배경지식을 쌓아 보세요. 만들기를 하기 전에 아이와 관련 주제로 대화를 나눠 보세요.

- "겨울을 좋아하니? 왜 좋아?(혹은 왜 싫어?)"
- "눈은 어떻게 생겼을까? 동그라미? 세모? 같이 관찰해 볼까?"
- "눈이 소복하게 쌓인 나뭇가지를 어떻게 표현할 수 있을까?"

창의력
쑥쑥 활동

아크릴 물감이 아닌 다른 재료로도 나뭇가지를 새롭게 연출할 수 있어요. 알갱이 형태로 된 폼 클레이를 이용하면 조금 더 눈이 쌓인 느낌을 입체적을 줄 수 있고, 천사 점토나 클레이는 매끄러운 느낌을 줄 수 있어요. 어떤 재료로 나만의 겨울나무를 연출할 수 있을지 생각해 보세요.

만들어 볼까요

① 나뭇가지에 흙이 묻어 있다면 깨끗하게 닦아서 준비해요.

② 나뭇가지와 흰색 아크릴 물감을 준비해요.

③ 나뭇가지를 흰색 아크릴 물감으로 전체적으로 색칠해요.

tip 앞면을 색칠하고 말린 다음 뒷면을 색칠하면 깔끔하게 칠할 수 있어요.

작은 폼폼이를 얇은 나뭇가지에 붙이는 과정에서 소근육이 발달해요.

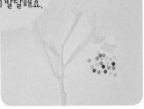

④ 아크릴 물감을 충분히 말린 후 비즈와 폼폼이를 준비해요.

⑤ 다양한 비즈를 양면테이프로 나뭇가지에 붙여서 꾸며요.

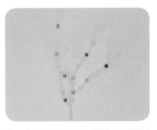

⑥ 비즈 중간중간에 흰색 폼폼이를 붙여서 꾸며 줘요.

⑦ 속이 오목한 예쁜 받침 그릇을 준비한 후 흰색 천사 점토를 넣어요.

⑧ 쌓인 눈처럼 보이도록 그릇 속 천사 점토를 꾹꾹 눌러 다듬어요.

⑨ 천사 점토 위에 겨울나무를 꽂으면 완성돼요.

나뭇가지를 이용해서 크리스마스트리를 만들어 보세요. 색칠한 나뭇가지에 여러 가지 크리스마스 장식을 달면 멋진 나만의 트리를 만들 수 있답니다.
양면테이프는 시간이 지나면 접착력이 약해져서 비즈가 다 떨어져요. 오래 보관하려면 꼭 글루건으로 다시 한 번 비즈를 붙여 주세요. 집 안 인테리어로 아주 좋아요.

녹지 않아! 쌀로 만든 눈사람

〈겨울 왕국〉에 나온 올라프를 아나요? 올라프는 엘사의 마법으로 만들어진 눈사람이에
요. 아마 세상에서 가장 유명한 눈사람이 아닐까요? 올라프를 눈이 아니라 다른 재료로
만들어 보려고 해요. 어떤 재료로 만들어 볼까요? 이런 질문을 받으면 순간 막막해지는
데요. 그럴 때는 침착하게 눈의 색깔부터 생각해 보세요. 좋은 아이디어가 하나둘 떠오를
거예요. 우리는 흰 양말을 이용해서 눈사람 인형을 만들 거예요. 눈 대신 쌀이나 콩과 같
은 곡식 또는 솜을 활용하면 동글동글한 눈사람을 잘 표현할 수 있어요. 그럼 함께 귀여
운 눈사람 인형을 만들어 볼까요?

★ 준비물 ★

흰 양말, 고무줄 3개,
쌀 큰 컵 하나(또는 곡식, 솜),
유색 양말, 눈 모양 입체스티커,
리본, 단추, 모루,
네임펜, 폼폼이, 글루건, 가위

교과서
엿보기

'눈사람을 만들어요' 수업은 겨울에 내리는 눈을 관찰한 뒤 눈사람을 만든 경험을 이야기해 보고 표현하는 시간이에요. 눈사람은 아이들이 겨울을 생각했을 때 대표적으로 떠오르는 것 중 하나예요. 만들기를 하기 전에 아이와 관련 주제에 대해 대화를 나눠 보세요.

- "눈이 오면 무엇을 하고 싶니?"
- "눈사람을 만들어 본 적이 있니?"
- "새로운 재료로 눈사람을 만든다면 어떤 눈사람을 만들고 싶니?"

창의력
쑥쑥 활동

재료에 대한 아이디어가 떠오르지 않을 때는 마인드맵을 그려서 연상해 보세요. 생활 주변에서 쉽게 접할 수 있는 재료를 이용해서 나만의 창의적인 눈사람을 만들 수 있어요.

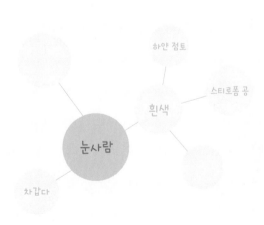

만들어 볼까요

① 흰 양말을 준비해요.

② 양말의 발목 아래까지 쌀을 넣어요.

③ 양말의 발목 부분을 고무줄로 묶어 줘요.

④ 가위를 이용해서 발목 윗부분이 너무 남지 않게 잘라요.

⑤ 고무줄을 이용해서 몸통의 1/3 지점을 느슨하게 묶어요. 꽉 묶지 마세요.

⑥ 모양을 정리해요.

⑦ 알록달록한 수면 양말의 발목 부분을 검지손가락 길이로 잘라요.

⑧ 자른 양말을 뒤집어서 고무줄로 한쪽을 묶어요.

⑨ 묶은 양말을 뒤집으면 모자가 만들어져요.

⑩ 눈사람 얼굴에 눈 모양 입체스티
   커를 붙여요.

tip 눈 모양 입체스티커가 없다면, 매
   직으로 눈, 코, 입을 그려도 좋아요.

⑪ 양면테이프를 이용해서 몸통에
   단추를 붙여요.

⑫ 폼폼이를 글루건으로 붙여 코를
   만들어요.

⑬ 네임펜을 이용해서 입을 그려요.

⑭ 모루를 목도리처럼 감아요.

tip 목도리는 모루 대신 남은 양말을
   길게 잘라서 써도 좋아요.

⑮ 만든 모자를 씌워서 완성해요.

플러스 활동

수면 양말을 이용하면, 촉감이 좋고 포근한 눈사람 인형을
만들 수 있어요. 단 수면 양말에 쌀을 넣으면 성긴 올 사이
로 빠져나오기 때문에 솜을 이용해야 해요.

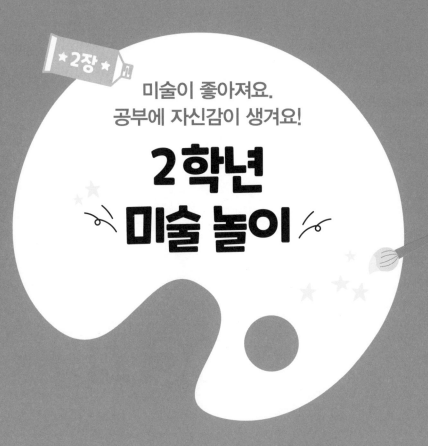

★2장★

미술이 좋아져요.
공부에 자신감이 생겨요!

2학년
미술 놀이

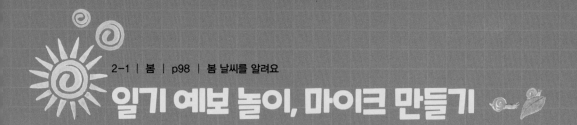

일기 예보 놀이, 마이크 만들기

살랑살랑, 봄 날씨를 알려 주는 일기 예보 놀이를 해보아요. 일기 예보 놀이를 하려면 마이크, 카메라 등 그에 맞는 도구가 필요해요. 나만의 마이크를 만든 뒤, 기상 캐스터가 되어 멋지게 일기 예보를 해보세요. 마이크의 구조를 관찰하여 어떤 재료를 이용하면 좋을지 생각해 보세요. 나만의 개성을 표현할 수 있다면 더욱 좋아요.

★ 준비물 ★

스티로폼 공, 은박지,
마스킹테이프(검은색), 색 종이컵,
골판지, 가위,
방송사 로고 인쇄물,
양면테이프

교과서
엿보기

'봄이 오면' 단원은 봄의 계절 변화에 대해 알아보고 날씨에 어울리는 옷차림을 배워요. 봄 날씨의 특징을 일기 예보 놀이를 통해서 익히는 재밌는 시간이에요. 마이크를 만든 후 대본을 준비해서 일기 예보 놀이를 한번 해보세요. 만들기를 하기 전에 아이와 관련 주제로 대화를 나눠 보세요.

- "뉴스에서 가장 인상적인 것은 뭐니?"
- "날씨를 알려 주려면 무엇이 필요할까?"
- "마이크 모양은 어떻게 만들면 좋을까?"

창의력
쑥쑥 활동

물체를 관찰하면서 그 구조에 맞는 재료를 찾아보는 활동을 통해 아이의 창의력을 발달시킬 수 있어요. 다음 예시처럼 아이에게 적절한 질문을 던져 생각의 물꼬를 터주세요.

- 마이크 머리 부분은 어떻게 생겼니?
  예) 둥글고 반짝이지? 어떤 재료를 이용하면 좋을까?
  예) 반짝이는 은박지는 어떨까? 동그랗게 생긴 철수세미는 어떨까?

- 마이크 손잡이는 어떻게 만들면 좋을까?
  예) 길게 잡을 수 있게 종이를 말아서 만들어도 좋을 것 같아. 짧은 휴지심 대신 키친타올의 심은 어떨까?

❶ 스티로폼 공을 준비해요.

❷ 스티로폼 공 전체를 감쌀 수 있도록 은박지를 넉넉하게 준비해요.

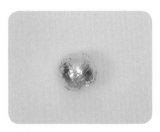

❸ 스티로폼 공을 은박지로 잘 감싸 줘요.

tip 은박지의 반짝이는 부분이 밖으로 보이게 감싸야 예뻐요.

❹ 색종이컵을 반으로 잘라요.

❺ 자른 종이컵 바닥에 양면테이프를 붙여요.

❻ 양면테이프를 붙인 곳에 은박지로 감싼 스티로폼 공을 붙이면 마이크 머리 부분이 완성돼요.

❼ 끝쪽에 양면테이프를 붙인 후 골판지를 둥글게 말아요.

❽ 둥글게 만 골판지를 잘 붙이면 마이크 손잡이가 완성돼요.

❾ 골판지 끝부분을 1~1.5cm 길이로 모두 잘라요.

⑩ 자른 부분을 잘 펼쳐 준 다음 양
면테이프를 붙여요.

⑪ 종이컵 안쪽에 골판지 손잡이를
붙여서 고정해요.

⑫ 검은색 마스킹테이프를 반으로
잘라서 은박지로 싼 스티로폼 공
중간 부분에 붙여요.

⑬ 방송사 로고를 프린트해서 준비
해요.

⑭ 방송사 로고를 양면테이프로 앞
부분에 붙여요.

tip 코팅을 하면 종이가 탄탄해져 보
기에도 좋고 더 오래 쓸 수 있어요.

플러스 활동

방송에 나오는 아이돌의 마이크처럼 아
이만의 '마이크 이름표'를 제작할 수 있
어요. 시중에서 파는 것을 구매할 수도
있지만, 집에서도 손쉽게 마이크 이름표
를 만들 수 있어요. 다음 샘플을 참조하
여 마이크 이름표를 만들고 아이의 마이
크를 완성해 보세요.

명MC☆☆

MC
동네스타

우리학교
NEWS

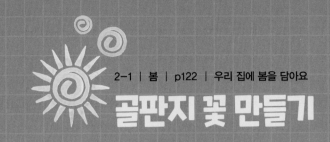

2-1 | 봄 | p122 | 우리 집에 봄을 담아요

골판지 꽃 만들기

봄이 오면 기분이 절로 좋아지는데요. 밝은색의 커튼을 달거나 꽃다발이나 예쁜 액자를 만들어 걸어 두는 것만으로도 집 안 분위기를 봄 분위기 물씬 풍기게 만들 수 있어요. 우리 집에도 봄을 초대해 보세요. 띠 골판지를 이용하면 손쉽게 꽃다발을 만들 수 있어요. 띠 골판지는 간단하게 만들기를 할 수 있는 재료예요.

★ 준비물 ★
색 띠 골판지, 골판지(연두색),
빨대, 공예풀, 양면테이프,
가위, 각종 비즈

'우리 집에 봄을 담아요' 수업은 봄 친구를 맞이하기 위해 겨울옷을 정리하고 예쁜 꽃도 심고 집에 봄을 담을 수 있게 여러 작품을 만들어 보는 시간이에요. 만들기를 하기 전에 아이와 관련 주제로 대화를 나눠 보세요.

- "봄이 온 것을 언제 느껴?"
- "집 안을 봄 분위기로 꾸미는 좋은 방법이 없을까?"

같은 재료로 다양한 꽃을 만들어 봄으로써 아이의 창의력에 자극을 줄 수 있어요. 같은 재료를 사용해도 꽃잎과 꽃 모양이 달라지면 새롭게 느껴져요. 꽃잎의 숫자를 다르게 해보거나 꽃심 부분의 장식을 바꾸거나 잎 모양을 변화시키는 등 다양한 방법이 있어요.

❶ 노란색 띠 골판지를 여러 개 준비해요.

❷ 노란색 띠 골판지를 틈이 생기지 않게 당기면서 말아요.

❸ 양면테이프로 1차 고정한 후 공예풀을 발라요.

tip 공예풀은 충분히 말려 주세요.

❹ 노란색 띠 골판지를 동그랗게 말아요.

❺ 같은 방법으로 5개를 만들어요.

❻ 파란색 띠 골판지를 반으로 잘라요.

❼ 초록색 빨대에 양면테이프를 두른 후 파란색 띠 골판지를 감아요.

❽ 공예풀로 고정시켜요.

❾ 공예풀로 파란색 띠 골판지 부분에 노란색 띠 골판지 5개를 꽃잎처럼 붙여요.

⑩ 꽃심 부분에 양면테이프로 비즈를 붙여서 장식해요.

⑪ 연두색 골판지에 잎을 그려 잘라요.

⑫ 줄기 부분에 양면테이프로 잎을 붙여요.

⑬ 여러 가지 색으로 다양한 꽃을 만든 뒤 유리컵에 꽂아 장식해요.

플러스 활동

종이컵에 갈색 클레이를 넣은 뒤 골판지 꽃을 꽂으면 예쁜 화분을 만들 수 있어요. 클레이가 꽃을 고정해 주는 역할을 해요. 컵과 꽃이 같은 종이 재질이라 통일감 있는 멋진 작품이 완성돼요.

어떤 집에 살고 싶은지 상상해 본 적 있나요? 나무가 아주 많은 집도 좋을 것 같고 연못이
있어서 물고기를 기를 수 있는 집도 좋을 것 같아요. 그래도 가장 좋은 집은 가족이 다 함
께 오붓하고 즐겁게 살 수 있는 집이겠지요. 온 가족이 따뜻한 일상을 보내는 집은 기쁨
과 즐거움을 안겨 주는 선물과도 같아요. 선물 같은 집을 콘셉트로 우리 집을 만들어 보
았어요.

★ 준비물 ★

골판지, 우유갑 500ml, 색종이,
별 모양 단추, 폼폼이,
양면테이프, 마스킹테이프,
가위, 풀, 노끈

교과서
엿보기

'이런 집 저런 집' 단원에서는 우리 집과 가족에 대해서 알아본 뒤 우리 가족이 살고 싶은 집을 상상해 보고 자유롭게 표현해 보는 시간을 가져요. 만들기를 하기 전에 아이와 관련 주제로 대화를 나눠 보세요.

- "집의 종류에는 무엇이 있을까?"
- "어떤 집에서 살고 싶어? 엄마는 넓은 마당이 있는 집, 우리 ○○는?"

창의력
쑥쑥 활동

집이라고 하면 흔히 볼 수 있는 아파트나 전원주택의 모양을 떠올리기 쉬워요. 다양한 집의 모습을 구경해 본 뒤 나만의 집을 상상해 보는 시간을 가져 보세요.

버섯 모양의 집

다면체 모양의 집

만들어 볼까요

❶ 내부를 깨끗이 씻어서 말린 500ml 사이즈의 우유갑을 준비해요.

❷ 우유갑 윗부분을 파란색 마스킹 테이프로 둘러 주세요.

❸ 윗부분 전체를 꼼꼼하게 마스킹 테이프로 둘러 주세요.

❹ 파란색 마스킹테이프의 경계 부분을 노란색 마스킹테이프로 한 번 감싸 주세요.

tip 노란색 마스킹테이프로 감싸 주면 노란색 색종이를 붙일 때 좀 더 깔끔해져요.

❺ 우유갑 몸통 부분에 노란 색종이를 붙여 주세요.

❻ 4면을 꼼꼼히 색종이로 붙여요. 모서리 부분은 양면테이프를 이용하면 깔끔하게 붙일 수 있어요.

❼ 우유갑 윗부분 길이에 맞춰 파란색 골판지를 잘라서 준비해요.

❽ 골판지로 지붕을 만들어서 양면테이프로 붙여 주세요.

❾ 우유갑을 노끈으로 두 번 두른 뒤 리본 모양으로 묶어요. 남은 끝부분은 가위로 잘라요.

⑩ 골판지를 네모나게 잘라 문 모양을 만들어요.

⑪ 양면테이프로 리본 아래에 문을 붙여요.

⑫ 별 모양 단추를 붙여 문손잡이를 만들어요.

⑬ 노끈을 감은 사이사이에 폼폼이를 붙여 장식해요.

⑭ 폼폼이를 사방에 꼼꼼히 붙이면 완성이에요.

플러스 활동

창과 문을 만든 후 칼로 오려 주면 열거나 닫을 수 있어요.
칼은 위험하니 꼭 부모님이 도와줘야 해요.

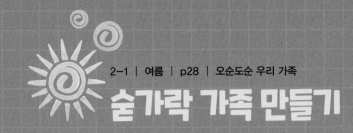

숟가락 가족 만들기

집집마다 생활 모습이 달라요. 가족 구성원이 저마다 다르기 때문인데요. 조부모님과 함께 사는 가족도 있고, 형제자매가 많은 가족도 있어요. 부모님이 맞벌이를 하는 가족도 있고, 외벌이를 하는 가족도 있어요. 부모님의 직업도 제각각이지요. 우리 가족은 어떤 특징을 가졌나요?

숟가락과 펜을 사용해서 우리 가족을 만들어 봐요. 모루로 머리카락을 표현하고 눈 모양 스티커로 쉽게 얼굴 표정을 만들 수 있어요.

★ 준비물 ★
양면테이프, 폼폼이,
네임펜, 풀, 가위,
숟가락 3개, 모루, 색종이,
눈 모양 입체스티커

'오순도순 우리 가족' 수업은 우리 가족을 다양한 방법으로 표현해 본 뒤 발표를 해요. 만들기를 하기 전에 아이와 관련 주제로 대화를 나눠 보세요. 만든 인형으로 가족 인형극을 하면 더욱 즐거운 시간 을 보낼 수 있어요.

- "우리 가족에는 누구누구가 있지?"
- "아빠의 특징은 뭘까? 동생은?"
- "어떤 재료를 이용해서 가족 구성원의 특징을 표현하면 좋을까?"

가족의 특징을 먼저 파악하면 더 쉽게 만들 수 있어요. 다음처럼 우 리 가족의 이미지를 연상해 보고 특징을 적어 보게 하세요.

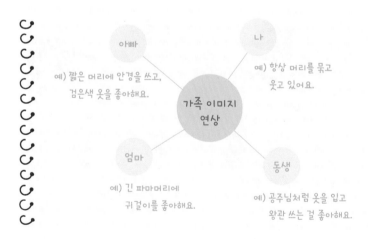

만들어 볼까요

{ 아빠 숟가락 만들기 }

❶ 검은색 색종이를 이용해서 신사 모자와 수염을 그려 오려요.

❷ 모자 위에 양면테이프를 붙인 다음 모루를 감아 장식해요.

❸ 숟가락의 볼록한 면에 눈 모양 입체스티커와 신사 모자를 붙여요.

❹ 수염을 풀을 이용해서 붙여요.

❺ 네임펜으로 입을 그려요.

{ 엄마 숟가락 만들기 }

❶ 숟가락의 볼록한 면 윗부분에 양면테이프를 붙여요.

❷ 네임펜에 모루를 감은 뒤 빼내서 구불구불한 파마머리를 만들어요.

❸ 숟가락 오목한 면에 파마머리를 붙여요.

❹ 양면테이프를 붙여 놓은 숟가락 윗부분에 폼폼이를 7개 정도 붙여요.

❺ 눈 모양 입체스티커와 볼 모양을 만들어 붙여요.

❻ 네임펜으로 입을 그려요.

{ 여자아이 숟가락 만들기 }

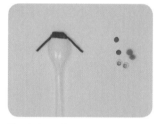

❶ 숟가락 앞뒷면에 양면테이프를 붙여요.

❷ 양면테이프를 붙인 부분을 빨간색 모루로 감아서 앞머리를 만들어요.

❸ 양옆으로 한 줄씩 빼내어 삐삐 머리를 만들어요.

❹ 삐삐 머리 부분에 폼폼이를 붙여 장식해요.

❺ 눈 모양 입체스티커와 볼 모양을 만들어 붙여요

❻ 네임펜으로 입을 그려요.

숟가락 가족
완성!

❼ 숟가락 가족 손잡이에 모루를 알록달록하게 감으면 옷을 입은 듯한 효과를 줄 수 있어요.

플러스 활동

종이컵을 사용해서 몸통을 쉽게 만들 수 있어요. 종이컵을 뒤집어 색종이를 붙인 후, 단추 모양 스티커, 리본 등으로 꾸며 완성해요. 남자아이는 검은색 모루를 이용해서 머리카락을 만들고 색종이를 이용해서 야구모자를 만들어 씌워서 완성할 수 있어요.

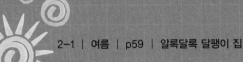

점점 크게 달팽이 집 액자 만들기

달팽이를 관찰해 본 적이 있나요? 달팽이는 등에 집을 지고 다니는 느림보 연체동물이에요. 넓고 평평한 발과 2쌍의 더듬이가 있어요. 큰 더듬이 끝에는 눈이 있답니다. 달팽이를 보고 싶다면 비 오는 날 화단 근처를 살펴보세요. 쉽게 발견할 수 있어요. 달팽이 집을 관찰해 보고 예쁜 달팽이 집 액자를 만들어 보세요.

★ 준비물 ★
글리터 펠트지, 연필,
폼폼이(소·중·대 크기),
눈 모양 입체스티커,
양면테이프, 띠 골판지(은색),
가위, 공예풀

104

'알록달록 달팽이 집' 수업에서는 집의 종류를 알아보며 달팽이 등 껍질을 관찰하고 놀이하는 시간을 가져요. 달팽이 집을 어떻게 표현하면 좋을지 재밌는 아이디어를 낼 수 있게 만들기를 하기 전에 아이와 관련 주제로 대화를 나눠 보세요..

- "달팽이 집은 우리 집과 어떤 점이 다를까?"
- "달팽이의 눈은 어디에 있을까?"

창의력
쑥쑥 활동

달팽이 집의 특징은 〈달팽이 집〉 노래에 잘 담겨 있어요. '달팽이 집을 지읍시다 …점점 좁게 점점 좁게 … 점점 넓게 점점 넓게' 이 노랫말처럼 달팽이집은 점진적으로 커져요. 이처럼 점점 커지거나 증가하는 것을 조형 원리 중 '점증'이라고 하는데요. 우리 주변 사물에서 점증을 찾아보는 놀이를 해볼 수 있어요. 이 놀이를 한 후 어떻게 하면 이를 효과적으로 나타낼 수 있을지, 그 방법을 고민해 보세요.

- 크기를 변화시켜 점증을 어떻게 표현할 수 있을까?
  예) 돌맹이를 크기별로 나열하여 표현할 수 있어.

- 색의 명도로 어떻게 점증을 표현할 수 있을까?
  예) 밝은색에서 어두운색으로, 또는 어두운색에서 밝은색으로 표현할 수 있어.

만들어 볼까요

① 가로세로 17.5cm의 검은색 글리터 펠트지를 준비해요.

② 연필로 나선형 모양을 살살 그려요.

tip 공예풀로 나선형 모양을 그려도 괜찮아요.

③ 나선형 모양의 안쪽부터 가장 작은 폼폼이를 공예풀로 붙여요.

tip 풀을 충분히 말려 주세요.

> 색깔이 다양할수록 알록달록 예쁘게 만들 수 있어요.

④ 나선형 모양의 1/2 지점부터는 중간 크기의 폼폼이를 연결해서 붙여요.

⑤ 나선형이 끝나는 지점에 가장 큰 폼폼이를 붙여서 머리 모양을 만들어요.

⑥ 은색 띠 골판지를 가로 0.2cm, 세로 4cm로 얇게 잘라 주세요.

⑦ 달팽이 머리 부분에 자른 띠 골판지를 양면테이프로 붙여서 더듬이 모양을 만들어요.

⑧ 눈 모양 입체스티커를 붙여서 달팽이 눈을 만들면 완성돼요.

점점 커지고 변화하는 물방울의 세계

　달팽이 집 만들기로 조형 원리인 점증을 경험해 보았는데요. 같은 도형의 이미지가 점점 커지거나 퍼지는 점증을 활용하여 자기만의 작품 세계를 구축한 작가가 있어요. 바로 쿠사마 야요이인데요. 점무늬가 잔뜩 그려진 작품 〈호박〉이 그녀의 대표작이에요. 그녀의 트레이드 마크는 물방울무늬인데요. 그녀의 전시회를 가면 여러 가지 크기의 물방울과 다양한 색의 물방울로 둘러쌓인 조형물들이 주는 경쾌하면서도 밝은 느낌에 절로 눈이 휘둥그레져요. 예전에는 흑백의 물방울 이미지를 사용했지만 지금은 색이 다채롭고 다양해졌어요.

　요즘은 다양한 색과 크기의 물방울을 직접 붙여 볼 수 있는 체험 코너도 있다고 하니 나중에 전시회를 하게 되면 꼭 가서 물방울의 세계를 경험해 보세요.

나오시마섬에 있는 〈호박〉 조형물

물방울무늬를 배경으로 한
쿠사마 야요이

늘었다! 줄었다! 요술 팔찌 만들기

쉽게 구할 수 있는 색종이와 고무줄을 이용해서 길이가 늘어나는 요술 팔찌를 만들어 친구나 가족에게 선물해 보세요. 이때 선물 받을 사람이 좋아하는 것을 고려하면 더욱 좋아요. 예를 들어 늘 메모하는 습관이 있는 친구에게는 팔찌에 작은 메모장을 붙여 수첩 팔찌를 만들 수 있어요. 강아지를 좋아하는 동생을 위해서는 강아지 팔찌를 만들어 선물하면 좋겠지요. 금연을 하는 아빠를 위해 금연 문구와 그림을 넣는 것도 좋은 방법이에요.

★ 준비물 ★
마스킹테이프, 색종이,
스테이플러, 고무줄, 할핀,
비즈(또는 진주),
송곳, 가위, 연필, 양면테이프

'함께라서 좋아요' 수업은 가족에 대해서 알아본 뒤 팔찌를 만들어 가족에게 나의 마음을 전하는 활동을 해요. 만들기를 하기 전에 아이와 관련 주제로 대화를 나눠 보세요.

- "아이를 낳지 않는 가족도 있고, 아이가 엄청 많은 가족도 있어. 가족의 모습은 이렇듯 정말 다양해. 또 어떤 가족이 있을까?"
- "가족에게 가장 중요한 것이 무엇일까? 엄마는 사랑 같아. 00는?"
- "선물을 받았을 때가 더 좋을까? 줄 때가 더 좋을까?"

창의력
쑥쑥 활동

만들기를 할 때 여러 가지를 고민해 보는 과정을 통해 해결력과 창의력이 높아져요. 다음 질문을 던져서 아이의 생각을 확장시켜 주세요.

- 팔목 두께가 다른 어른이나 아이가 모두 착용할 수 있는 팔찌를 만들려면 어떻게 해야 할까?
  예) 끈을 달까? 늘어날 수 있는 고무줄을 이용하는 건 어떨까?

- 고무줄을 사용한다면 어떻게 팔찌에 고정할 수 있을까?
  예) 테이프로 고정할까? 팔찌에 구멍을 뚫어서 양쪽을 연결해 볼까?

만들어 볼까요

❶ 색종이를 먼저 반으로 접은 뒤 펼쳐요.

❷ 펼친 색종이를 안쪽으로 한 번 더 접어요.

❸ 반대쪽도 안쪽으로 접어 주세요.

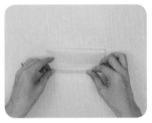

❹ 접은 색종이의 아랫부분을 1cm 길이로 작게 접어요.

❺ 작게 접은 색종이를 가운데 선을 향해 한 번 더 접어요.

❻ 반대쪽도 1cm 길이로 작게 한 번 접어 주세요.

❼ 작게 접은 색종이를 가운데 선을 향해 한 번 더 접어요.

❽ 한쪽 끝을 1cm 정도로 접은 다음 고무줄을 넣어 주세요.

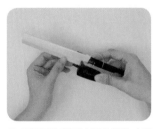

❾ 고무줄이 빠져나오지 않게 스테이플러로 고정시켜요.

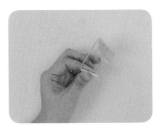

⑩ 반대쪽도 1cm 정도로 접은 다음 고무줄의 남은 한쪽을 넣어요.

⑪ 고무줄이 빠져나오지 않게 스테 이플러로 찍어 고정시켜요.

⑫ 고정이 잘 되었는지 고무줄을 늘 여 보세요.

⑬ 작은 크기의 색종이를 여러 가지 색으로 준비해요.

⑭ 작은 색종이 여러 장을 겹친 후 연필로 잎 모양을 그려요.

⑮ 그린 잎 모양을 따라 예쁘게 오려요.

⑯ 여러 장의 잎 모양을 겹친 뒤 아 래쪽에 송곳으로 구멍을 뚫어요.

⑰ 서로 떨어지지 않게 구멍 부분을 할핀으로 고정해요.

⑱ 팔찌 중앙 부분을 송곳으로 구멍 을 뚫어요.

111

⑲ 그 구멍에 할핀을 넣어 잎 모양을 고정해요.

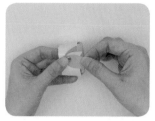
⑳ 잎 모양을 펼쳐서 꽃 모양을 만들어 주세요.

㉑ 양끝을 마스킹테이프로 감싸서 스테이플러가 안 보이게 해요.

㉒ 양면테이프로 팔찌에 비즈 장식을 붙여요.

㉓ 잘 고정되어 있는지 확인해요.

플러스 활동

위의 만들기 활동을 어려워한다면 특별한 꾸밈 요소 없이 색종이로 팔찌를 만들어도 좋아요. 그런 다음 비즈만 붙여도 예쁜 팔찌를 만들 수 있어요. 비즈를 사용할 때는 한쪽 면이 평평한 제품을 써야 잘 떨어지지 않아요.

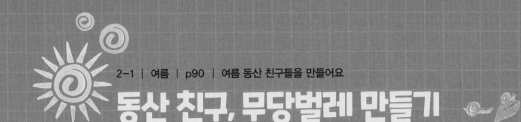

동산 친구, 무당벌레 만들기

여름에 들이나 산에 가면 멋진 곤충 친구들을 많이 볼 수 있어요. 사슴벌레, 개미, 무당벌레, 잠자리, 거미도 있고, 노래를 아주 잘 부르는 매미도 있어요. 먼저 곤충 친구들을 자세히 관찰하고 특징을 알아보세요. 돋보기 같은 도구를 이용해서 관찰해도 되고 사진을 보아도 좋아요.

여름에 흔히 볼 수 있는 곤충 중 무당벌레는 딱지날개에 점무늬가 있는 것이 특징이에요. 다리는 6개로 진딧물을 먹고사는 이로운 익충이지요. 점무늬가 예쁜 무당벌레를 쉽고 간단하게 만들어 보아요.

★ 준비물 ★

한지(빨간색, 갈색), 색도화지(검은색),
투명 반구(또는 일회용 컵뚜껑),
눈 모양 입체스티커, 점 모양 스티커,
네임펜, 연필, 모루(검은색), 가위,
양면테이프, 유리테이프

'여름 동산 친구들을 만들어요' 수업은 여름 동산에는 어떤 곤충들이 사는지 알아보고, 곤충을 관찰한 뒤 만들기 활동을 해보는 시간이에요. 교과서에서는 클레이를 사용해서 만드는데요. 다른 재료들을 활용해 조금 더 생동감 있게 만들어 보아요. 놀이에 흥미를 붙일 수 있도록 만들기를 하기 전에 아이와 관련 주제로 대화를 나눠 보세요.

- "여름에 볼 수 있는 곤충 중에 무엇이 가장 좋니?"
- "무당벌레는 무엇을 닮은 것 같아? 엄마는 수박! ○○는?"

만들기를 할 때 필요한 재료가 모두 집에 있는 건 아니에요. 그럴 때는 대체품을 찾는 것이 중요해요. 괄호에 답을 써보세요. 비슷한 느낌이나 효과를 줄 수 있는 재료를 찾는 과정에서 창의력이 쑥쑥 자라요.

- 무당벌레 딱지날개를 표현할 투명 반구 → (   )
  예) 일회용 컵 뚜껑

- 점 모양 스티커 → (   )
  예) 네임펜으로 무늬를 그리거나 색종이를 오려서 표현

- 다리를 표현할 검은색 모루 → (   )
  예) 검은색 색종이

❶ 색도화지 위에 반구를 올린 후 테두리를 따라 그려요.

❷ 선을 따라 가위로 잘라요.

❸ 반구를 뒤집어서 테두리를 따라 양면테이프를 붙여요.

❹ 빨간색 한지와 갈색 한지를 준비해요.

tip 색종이를 사용해도 돼요. 빨간색을 조금 더 많이 준비해요.

❺ 갈색 한지를 구겨요.

❻ 빨간색 한지를 구겨요.

❼ 구긴 갈색과 빨간색 한지를 반구 안에 넣어요.

❽ 오려 놓은 검은색 동그라미 위에 한지를 넣은 반구를 올려놓아요.

❾ 양면테이프를 꾹꾹 눌러 꼼꼼하게 고정시켜요.

⑩ 반구 위에 눈 모양 입체스티커를 붙여요.

⑪ 검은색 점 모양 스티커를 붙여서 무늬를 꾸며요.

⑫ 네임펜으로 입을 그려요.

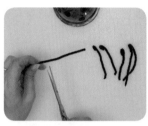

⑬ 검은색 모루를 5cm 길이로 4개, 6cm 길이로 2개 만든 뒤 모루 끝을 구부려서 발을 표현해요.

tip 조금 더 길게 자른 다리 2개를 앞 다리로 해요.

⑭ 바닥 면에 유리테이프로 다리를 붙여요.

⑮ 다리 6개를 모두 붙이면 완성돼요.

116

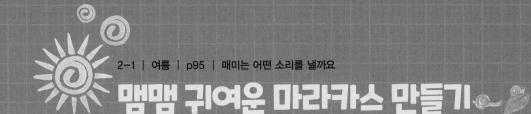
맴맴 귀여운 마라카스 만들기

마라카스는 아기가 가지고 노는 딸랑이처럼 생긴 악기인데요. 한 손에 하나씩 쥐고 흔들어서 연주하는 라틴아메리카의 타악기로, 노래의 흥을 돋우는 역할을 해요.

둥근 울림통 속에 작은 알갱이를 넣어 만드는데, 통의 크기와 재질, 통 안에 넣은 물체에 따라 소리가 달라져요. 나만의 마라카스를 만들어 흔들어 보세요. 어떤 소리가 나는지 들어 보고, 마라카스 연주에 맞춰 노래도 불러 보세요. 마라카스를 여러 개 만들어서 합주를 해보는 것도 좋아요. 아이에게 즐거운 추억이 될 거예요.

★ 준비물 ★

큰 요구르트 통, 색종이, 마스킹테이프(초록색, 파란색), 눈 모양 입체스티커, 풀 별 모양 스티커, 리본, 비즈, 양면테이프

'매미는 어떤 소리를 낼까요' 수업은 〈매미의 노래〉에 맞추어 마라카스를 흔들어 보면서 매미가 내는 소리를 표현해 보는 시간이에요. 만들기를 하기 전에 아이와 관련 주제로 대화를 나눠 보세요.

- "매미는 어떤 소리를 내지?"
- "매미 소리와 닮은 소리를 찾아볼까?"

마라카스는 빈 통만 있으면 쉽게 만들 수 있어요. 빈 통을 있는 그대로 사용해도 좋지만, 아이디어를 내어 예쁘게 꾸며 보세요. 또 다른 소리를 내고 싶을 때는 알갱이의 크기를 바꾸어 주면 돼요. 예를 들면 작은 쌀알을 넣어서 흔들면 차르차르 소리가 나고 동글동글한 콩알을 넣어서 흔들면 좀 더 세고 통통 튀는 소리가 나요. 내고 싶은 소리의 셈여림에 따라 재료의 크기와 재질을 찾을 수 있도록 도와주세요.

- 마라카스 울림통 재료 결정하기 : 크기가 너무 작은 것보다는 음악 활동을 하기 편하게 조금 큰 것을 이용해서 만들기를 권해요.
  예) 우유 팩, 페트병, 플라스틱 컵, 유리병 등

- 원하는 소리의 속 재료를 찾아보기 : 꼭 한 가지가 아니라 두 가지를 섞어도 돼요.
  예) 쌀알, 비즈, 콩알, 작은 돌, 구슬 등

만들어 볼까요

❶ 큰 요구르트 병을 준비해요.

❷ 가장 아래쪽 기둥의 높이를 재요.

❸ 아래쪽 기둥의 높이에 맞게 색종 이를 잘라요.

> 색종이가 잘 안 붙는 곳은 마스킹테이프로 간단히 붙일 수 있어요.

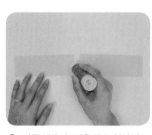

❹ 자른 색종이 2장을 풀로 연결해요.

❺ 색종이를 아래쪽 기둥에 둘러 붙 여요.

❻ 초록색 마스킹테이프를 이용해 병 윗부분을 세로 띠 모양으로 장식 해요.

❼ 가운데 튀어나온 부분을 파란색 마스킹테이프로 감아요.

tip 마스킹테이프를 붙일 때는 당기면 서 감아야 주름이 생기지 않아요.

❽ 파란색 마스킹테이프를 붙인 부 분에 눈 모양 입체스티커를 붙이 고 색종이로 볼과 입 모양을 만들 어서 붙여요.

❾ 초록색 마스킹테이프로 장식한 부분에 별 모양 스티커를 붙여서 꾸며요.

⑩ 색종이를 붙인 기둥에 양면테이 프로 리본을 붙여서 꾸며요.

⑪ 콩이나 쌀 또는 비즈를 적당량 준 비해요.

⑫ 비즈를 넣은 뒤 소리가 잘 나는지 확인해요.

⑬ 소리가 마음에 든다면 완성이에요.

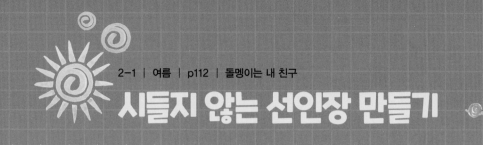

2-1 | 여름 | p112 | 돌멩이는 내 친구

시들지 않는 선인장 만들기

길을 가다 보면 크고 작은 돌멩이를 볼 수 있어요. 주변에서 쉽게 볼 수 있고 구하기 쉬운 돌멩이를 씻어서 예쁘게 색칠하면 물을 주지 않아도 시들지 않는 선인장을 만들 수 있어요. 이렇게 만든 선인장을 화분에 넣으면 장식용으로도 효과 만점이에요. 한번 만들어 볼까요?

★ 준비물 ★
크레파스, 돌(표면이 매끄러운 것), 매직, 네임펜, 수정액, 화분, 자갈(또는 흙)

121

'돌멩이는 내 친구' 수업은 돌멩이를 가지고 놀이를 해본 뒤 예쁘게 색칠해 돌멩이 친구를 만들어 보는 시간이에요. 이를 통해 하찮게 여길 수 있는 자연물에게도 따뜻한 마음을 가지는 자세를 배워요. 만들기를 하기 전에 아이와 관련 주제로 대화를 나눠 보세요.

- "어떤 돌멩이 친구를 만들고 싶니?"
- "어떤 모양의 돌이 좋을까?"
- "돌멩이처럼 우리 일상 속에서 흔하게 볼 수 있는 것에는 무엇이 있을까?"

돌멩이를 색칠할 때 물감이 아닌 크레파스를 사용하면 발색이 좋고 코팅이 되어서 방수 효과를 얻을 수 있어요. 미술 놀이를 할 때는 다양한 재료를 고민하고 시도해 보세요. 재료에 따라 느낌, 효과, 장단점이 다른 것을 보면 창의력이 자극돼요.

- 돌멩이의 재질에 따라 색칠 재료 바꿔 보기 : 표면이 울퉁불퉁할 때는 크레파스 보다 물감이 색칠하는 데 더 효과적이에요.

- 돌멩이 고유의 색에 따라 꾸미는 방법을 바꿔 보기 : 돌멩이 색이 밝은 경우에는 그 색을 그대로 두고 무늬만 그려서 완성해도 좋아요.

만들어 볼까요

① 돌멩이를 깨끗하게 씻어서 말려요.

② 돌멩이를 연두색 크레파스로 꼼꼼히 색칠해요.

tip 한 방향으로 색칠해야 꼼꼼하게 색을 입힐 수 있어요.

③ 초록색 매직으로 빗살무늬를 그려 선인장 가시를 표현해요

④ 돌멩이를 초록색 크레파스로 꼼꼼히 색칠해요.

⑤ 수정액으로 점을 찍어서 선인장 가시를 표현한 뒤 화분에 심어요.

⑥ 시들지 않는 선인장이 완성됐어요.

⑦ 네임펜으로 선인장 가시를 표현한 돌멩이 선인장도 만들 수 있어요.

다양한 재료를 사용하여 돌멩이에 그림을 그릴 수 있어요. 집에 있는 네임펜, 아크릴 물감을 사용하여 멋진 돌멩이 작품을 만들어 보세요.

부엉이 작품은 돌의 무늬를 살리고 아크릴 물감으로 부엉이 얼굴을 그려 주었어요. 고양이 작품은 흑백 대비 효과를 주기 위해 하얀색 돌 위에 네임펜을 사용해 고양이를 그려 넣었어요. 밤하늘 작품은 구멍이 송송 난 돌 표면에 아크릴 물감을 칫솔로 뿌려(뿌리기 기법) 별들을 표현했어요. 노을 지는 야자수 풍경 작품은 크레파스로 노을을 그라데이션으로 표현하고 네임펜으로 야자수를 표현했어요.

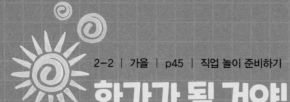

화가가 될 거야! 그림 도구 만들기

세상에는 직업이 정말 많아요. 이 중에서 내게 맞는 직업이 무엇인지 어떻게 알 수 있을까요? 책을 읽고 관심이 가는 직업을 발견하는 것도 좋은 방법이지만, 직업 놀이를 통해 그 직업을 경험해 보는 것도 좋은 방법이에요. 오늘은 화가에게 필요한 도구를 만들어 보고 멋진 1일 화가가 되어 보세요.

★ 준비물 ★
색도화지(갈색), 색종이, 가위,
연필, 납작 고무줄, 폼보드,
종이 빨대, 마스킹테이프,
양면테이프, 모루

교과서
엿보기

'동네 한 바퀴' 단원 중 '직업 놀이 준비하기' 수업이에요. 동네 사람들이 하는 일을 조사하여 발표도 하고 직업 놀이도 해보면서 직업을 체험해 보는 시간이에요. 직업마다 필요한 도구와 물건이 다른데요. 화가는 어떤 도구를 필요로 할까요? 이를 알아보는 과정을 통해 그 직업에 대해 더 잘 알게 돼요. 아이에게 되고 싶은 직업이나 체험해 보고 싶은 직업을 물어 보고 같이 의논해서 만들어 보세요.

- "어떤 직업이 재밌어 보이니?"
- "그 직업에는 어떤 도구들이 필요할까?"

창의력
쑥쑥 활동

만들기를 할 때 화가는 무엇을 하는 사람인지, 그림은 어떻게 그리는지 등 화가에 대해 다음 예시처럼 다양한 이야기를 들려주면 좋아요. 만들기가 완성된 뒤에는 재미있는 역할 놀이를 함께해 보세요. 자유로운 예술가가 되어 보세요.

- "화가는 다양한 재료를 이용해서 그림이나 조각 같은 예술 작품을 만들어 내는 사람이야."
- "화가는 자신만의 작품을 만들어서 많은 사람에게 보여 주기 위해서 전시회를 연단다."

만들어 볼까요

{ 팔레트 만들기 }

❶ 갈색 색도화지를 준비해요.

❷ 갈색 색도화지 위에 팔레트 모양을 크게 그려요.

❸ 그린 팔레트 모양을 따라 가위로 오려요.

❹ 여러 가지 색깔의 색종이를 준비해요.

❺ 여러 가지 색깔의 색종이를 하나로 합친 뒤 그 위에 물감 모양을 그려요.

❻ 그린 물감 모양을 따라 가위로 오려요. 같은 무늬를 여러 장 만들수 있어요.

❼ 오려 낸 물감 모양을 팔레트에 예쁘게 붙여요.

❽ 작은 크기의 폼보드를 직사각형으로 자른 뒤 납작 고무줄로 감아요.

tip 팔레트를 고정하기 위한 고무줄은 납작한 고무줄이 좋아요.

❾ 납작 고무줄을 3~4번 감은 뒤 약간 느슨하게 묶어요.

⑩ 손이 들어갈 수 있는지 넣어 보고 너무 타이트하면 다시 느슨하게 묶어서 조절해요.

⑪ 양면테이프를 이용해 팔레트 뒷면에 폼포드를 붙여 주세요.

⑫ 잘 붙었는지 확인했다면 완성이에요.

{ 붓 만들기 }

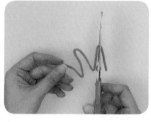

❶ 종이 빨대에 마스킹테이프를 감아 주세요.

tip 종이 빨대가 없다면 일반 빨대도 가능해요.

❷ 모루를 6등분으로 구부려 6개로 잘라요.

❸ 6등분을 한 모루를 겹쳐서 종이 빨대에 끼워요.

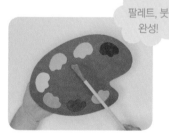

팔레트, 붓 완성!

❹ 다른 색깔의 마스킹테이프로 감아 모루와 빨대의 연결을 튼튼하게 해요.

128

미술 놀이 후 직업과 도구에 대해 잘 알려 주는 책을 아이와 함께 읽으면 좋아요.

『일과 도구』 권윤덕 글 · 그림 | 길벗어린이

의사, 목수, 재단사, 화가 등 다양한 직업과 일터에서 일하는 사람들의 모습을 아름답게 소개하고 있어요. "와, 이 일을 하는 데 이렇게 많은 도구가 필요하구나!" 하고 놀라우면서도 재밌어하는 책이에요.

『북적북적 우리 동네가 좋아』 리처드 스캐리 글 · 그림 | 원지인 옮김 | 보물창고

동네에서 흔히 볼 수 있는 가게와 그 속에 일하고 있는 다양한 직업을 가진 사람들의 모습을 여러 가지 동물 캐릭터를 통해 소개하고 있어요. 하는 일은 다르지만 모든 일은 소중하다는 것을 보여 주는 책이에요.

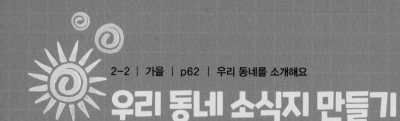

우리 동네 소식지 만들기

소식지는 소식을 전하는 목적을 가지고 있어요. 빠르고 정확한 정보 전달이 중요하지요. 그림이 복잡하거나 글씨가 많으면 가독성이 떨어지고, 의미 전달의 효과가 낮아져요. 아이들은 많은 걸 전하고 싶은 마음에 이것저것 잔뜩 채우기 쉬운데요. 가장 전하고 싶은 것이 무엇인지 간단한 그림을 그리고 문구를 적어 보게 하세요. 이를 통해 정보를 정리하고 요약하는 능력을 기를 수 있어요.

★ 준비물 ★
컴퍼스, 색도화지(주황색, 노란색), 색연필, 연필, 지우개, 가위, 도화지, 풀, 할핀

'우리 동네를 소개해요' 수업은 우리 동네에 사는 사람들이 하는 일들을 통해 동네를 알아보고, 우리 동네를 소개해 보는 활동을 해요. 신문 모양 소식지, 책 모양 소식지 등 다양한 형태로 소식지를 만들어 보는데요. 다음 대화를 통해 만들기에 흥미를 유도할 수 있어요.

- "우리 동네에서 가장 좋아하는 장소는 어디니?"
- "친구에게 우리 동네를 자랑한다면 무엇을 자랑할까?"

미술은 물론 글쓰기 등 창의적인 활동을 해야 할 때면 "뭘 만들어요?" "뭐라고 써야 해요?" 라며 막막해하는 아이들이 있어요. 스스로 아이디어를 떠올리지 못할 때는 '브레인스토밍'을 해보세요. 머릿속에 떠오르는 생각을 자유롭게 말하며 아이디어를 끌어내는 방법이에요. 이 방법은 부모의 반응에 따라 효과가 달라져요. 다음은 아이디어를 막는 말, 북돋는 말이에요.

- 아이디어를 막는 말 : "이건 좀 아닌 것 같아." "좀 더 구체적으로 말해 줄래?" 등 부정적이거나 재촉하는 말
- 아이디어를 북돋는 말 : "그것도 좋은 생각이야. 또 다른 생각 없어?" "와, 그것도 참신한데!"

① 노란색 색지 위에 컴퍼스로 원을 크게 그려요.

tip 컴퍼스를 이용해서 원을 그릴 때는 고정을 잘 시켜야 원 모양이 정확히 나와요.

② 선을 따라 원을 잘라요.

③ 주황색 색도화지 위에 컴퍼스로 똑같은 크기의 원을 그린 후 잘라 주세요.

④ 오린 주황색 원을 연필로 4등분 하고, 중심점에서부터 1/4이 되는 지점을 연결해 직선을 그은 뒤, 연필로 안쪽 뾰족한 모서리 부분을 일자로 그려 주세요.

⑤ 4등분 한곳 중에 한부분을 오려요.

⑥ 소개하고 싶은 장소 네 군데(도서관, 시장, 공원, 분수대)를 정했다면 이미지를 간략하게 그린 후 색칠해요.

⑦ 시장 이미지를 간략하게 그린 후 색칠해요.

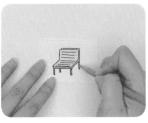

⑧ 공원 이미지를 간략하게 그린 후 색칠해요.

⑨ 분수대 이미지를 간략하게 그린 후 색칠해요.

⑩ 테두리를 살짝 남기고 그린 그림을 잘라요.

⑪ 오린 노란색 원도 4등분을 해요.

⑫ 4등분 한 곳에 각각의 그림을 붙여요.

⑬ 주황색 원을 올려서 그림마다 장소의 이름과 설명을 간단히 적어요.

⑭ 다른 그림에도 장소의 이름과 설명을 간단히 적어요.

⑮ 4등분 한 연필선을 지우개로 깨끗이 지워요.

⑯ 주황색 원의 중앙을 송곳으로 뚫어요.

⑰ 노란색 원의 중앙을 송곳으로 뚫어요.

⑱ 노란색 원 위에 주황색 원을 올린 뒤 할핀으로 중앙을 고정시켜요.

tip 할핀을 너무 세게 고정하면 원이 돌아가지않아요.

⓳ 소식지 제목을 쓸 칸을 그려요. ⓴ 칸을 자른 후 제목을 써서 꾸며요. ㉑ 주황색 원 위에 제목을 붙이면 소식지가 완성돼요.

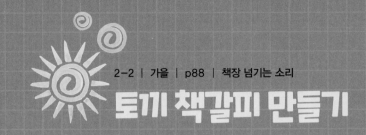

토끼 책갈피 만들기

책을 읽다가 중간에 멈추게 되면 읽었던 페이지를 표시해야 해요. 그래야 다음에 어디서 부터 읽어야 하는지를 금방 알 수 있거든요. 내 책이면 살짝 그 페이지를 접어 놓거나 책 날개를 해당 페이지에 껴놓으면 되는데요. 도서관이나 친구에게 빌린 책은 그렇게 할 수 없어요. 이때 책갈피를 사용하면 보기에도 예쁘고 편하게 페이지를 표시할 수 있어요. 나만의 책갈피를 만들어서 책 읽을 때 이용해 보세요. 책 읽는 시간이 더욱 즐거워질 거예요. 책갈피는 보통 평면적으로 만드는 게 일반적인데요. 여기서 벗어나 입체적인 토끼 책갈피를 만들어 보면 어떨까요? 고정관념에서 벗어나 자유롭게 사고하는 경험이 될 거예요.

★ 준비물 ★

색종이(분홍색, 검은색), 도화지(흰색), 색 막대기(또는 아이스크림 막대), 색연필(분홍색), 네임펜, 지우개, 연필, 풀, 가위, 양면테이프, 눈 모양 입체스티커

135

'가을아 어디 있니' 단원에서는 가을의 맛과 색, 소리에 대해 알아보아요. 또 독서의 계절이란 가을의 별명답게 도서관 예절을 배운 뒤 책갈피를 만들어 보는 시간을 가져요. 다음 대화를 통해 재미있는 미술 놀이를 유도할 수 있어요.

- "책을 읽다가 중간에 멈춘 적이 있니? 그럴 때는 어떻게 했어?"
- "전에 어디까지 읽었는지 기억이 나지 않을 때 기분이 어때?"
- "책 읽을 때 네가 좋아하는 책갈피를 사용하면 독서가 더 즐거워질 거야. 어떤 모양이 좋을까?"

창의력 쑥쑥 활동

어떤 모양의 책갈피를 만들고 싶은지 자유롭게 연상해 보세요. 동물 모양으로 만든다면 여러 동물을 먼저 떠올려 본 뒤, 각 동물의 특징을 생각하면 좋아요. 이렇게 하나씩 생각을 확장시켜 나가는 습관은 아이디어를 떠올릴 때 대단히 유용해요.

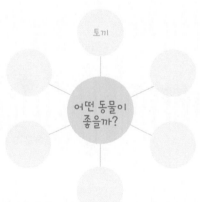

토끼

어떤 동물이 좋을까?

① 가로 10cm, 세로 7cm 정도 크기의 도화지를 준비해요.

② 도화지 위에 토끼 얼굴을 예쁘게 그려요.

③ 그린 토끼 얼굴을 따라 오려요.

④ 색종이를 반으로 접어 토끼 귀 안쪽 부분을 그려요.

⑤ 그린 토끼 귀 안쪽 모양을 따라 오려요.

⑥ 토끼 얼굴에 눈 모양 입체스티커와 귀 안쪽 모양을 붙여요.

⑦ 네임펜으로 토끼 코를 그려요.

⑧ 검은색 색종이를 얇게 잘라 토끼 수염을 만들어요.

⑨ 토끼 수염을 풀로 붙인 뒤, 너무 긴 수염은 가위로 잘라요.

❿ 두꺼운 종이를 가로 1cm, 세로 6cm 정도의 긴 직사각형 모양으로 잘라 연결 막대를 만들어요.

⓫ 연결 막대를 가로로 접은 뒤 양쪽 끝부분을 살짝 접어요.

⓬ 양면테이프를 붙여서 색 막대기와 연결시켜요.

tip 몸통과 막대기를 너무 입체적으로 만들면 책이 구겨질 수 있어요.

⓭ 살짝 접은 연결 막대 끝부분에 양면테이프를 붙여 토끼 얼굴을 붙여요.

⓮ 흰색 도화지에 토끼 팔을 그려요.

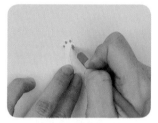

⓯ 오려 놓은 토끼 팔에 분홍색 색연필로 손바닥 모양을 그려요.

⓰ 양면테이프로 막대기에 팔을 붙여요.

⓱ 토끼 책갈피 완성이에요.

토끼 책갈피 만드는 법을 응용해서 다른 동물 책갈피도 만들어 보세요.

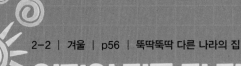

인디언 전통 집 만들기

다른 나라의 전통 집에 대해서 조사하고 만들어 보면 그 나라의 환경과 풍습, 삶의 형태를 알 수 있어요. 어떤 집을 만들면 좋을까요? 인디언들의 전통 집인 '티피'를 만들어 볼까해요. 우리에게도 매우 익숙한 텐트 형태의 집이에요. 사냥을 하며 살아간 인디언들은 이동하기 쉬운 집을 만들어 살았어요. 천막을 접으면 크기가 작아져서 보관하기도 좋았지요. 아늑하고 멋진 인디언 전통 집인 티피를 만들어 보고 장식해 보세요.

'두근두근 세계 여행' 단원은 세계 여러 나라의 특징에 대해 알아보고 각 나라의 풍습이나 인사 예절, 의상 등을 배우는 시간이에요. 왜 나라마다 집의 모양이 다른지를 살펴보며 그 나라의 특징을 알 수 있어요. 만들기를 하기 전에 다음의 대화를 통해 학습을 도울 수 있어요.

- "세계의 집 모양 중 인상 깊은 집이 뭐니?"
- "만들어 보고 싶은 집의 특징이 뭐니? 무엇으로 만들어졌니?"

인디언 전통 집인 티피는 텐트와 유사하게 생겼어요. 텐트를 입체적으로 만들기 위해서는 공감각적인 사고가 필요해요. 어떻게 만들 수 있을지 예시를 참고하여 생각해 보세요.

- 삼각형 모양의 텐트를 만들려면 어떻게 해야 할까?
  예) 3면이 필요하므로 삼각형을 3개 만들어서 붙여 볼까?

- 사각형 모양의 텐트를 만들려면 어떻게 해야 할까?
  예) 4면이 필요하므로 삼각형을 4개 만들어서 붙여 볼까?

❶ 색지를 준비해요.

❷ 색지를 가로 11cm, 세로 18cm의 삼각형 3장을 그려서 오려요.

❸ 유리테이프를 이용해서 3장을 서로 연결해요.

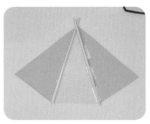

❹ 중심에 위치한 삼각형 테두리에 나무젓가락을 유리테이프로 X자가 되게 붙여요.

tip 나무젓가락이 삼각형 바깥으로 조금 삐져나오게 붙여요.

❺ 삼각형 모양으로 3면을 이은 뒤 밖에서 보이지 않게 안쪽에 유리테이프를 붙여 연결해요.

❻ 텐트 앞쪽 부분을 작은 삼각형으로 잘라서 입구를 만들어요.

❼ 초록색 색종이에 나뭇잎 모양을 그린 뒤 오려요.

❽ 텐트 위로 솟아오른 나무젓가락 부분에 풀로 붙여 장식해요.

❾ 노끈을 동그랗게 만들어요.

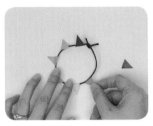

⑩ 작은 삼각형을 색종이로 여러 개 오린 뒤 양면테이프로 노끈에 붙여요.

⑪ 알록달록한 갈란드를 만들어요.

tip 노끈에 작은 삼각형을 붙일 때 살짝 아래로 눌러 주면 갈란드를 걸었을 때 뜨지 않아요.

⑫ 갈란드를 걸어 주면 완성이에요.

tip 인디언 전통 무늬를 조사해서 붙이거나 그려서 꾸며도 멋져요.

플러스 활동

완성한 인디언 텐트 안에 LED 초를 넣어 두면 멋진 무드 등으로 변신해요. 한번 활용해 보세요.

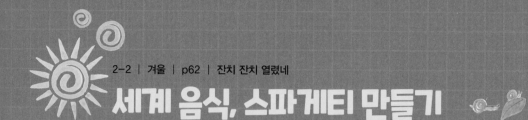

세계 음식, 스파게티 만들기

이탈리아 남부의 나폴리 지방은 토마토 스파게티로 유명해요. 나폴리는 건조한 기후 지역이어서 밀 재배에 적합했고, 파스타 면의 대량 생산이 가능했어요. 그 후 1800년대 들어서 토마토소스를 이용한 피자나 스파게티를 처음으로 만들게 되었어요. 토마토 피자나 스파게티를 홍보할 때 나폴리라는 단어를 사용하는 이유가 여기에 있답니다. 이렇게 음식에 대해 알아보면 그 나라의 기후와 재배되는 곡물도 알 수 있고 음식 이름에 대한 유래도 알 수 있어요. 이탈리아 요리사가 되어 소시지 토마토 스파게티를 한번 만들어 볼까요?

★ 준비물 ★

클레이(갈색, 노란색, 흰색, 빨간색, 주황색, 초록색), 공작 칼

'잔치 잔치 열렸네' 수업에서는 여러 나라 사람들이 먹는 음식과 식사 모습을 살펴본 후 자신이 좋아하는 나라의 음식을 만들어 보는 시간을 가져요. 관련 주제에 대해 대화를 나누면 만들기에 대한 흥미를 높이고 학습을 도울 수 있어요.

- "밥 먹을 때 젓가락을 쓰는 나라는 어디일까?"
- "우리 ○○가 좋아하는 스파게티는 어느 나라에서 만든 건지 아니?"
- "꼭 먹어 보고 싶은 다른 나라 음식이 있니?"

스파게티는 이탈리아의 국수인 파스타 중의 하나예요. 다음 그림처럼 다양한 파스타 종류가 있어요. 익숙한 면도 있고 처음 보는 면도 있을 텐데요. 면 모양만 달라져도 음식이 달라져요. 각종 면 종류를 응용해 만들기에 활용해 보아도 좋아요.

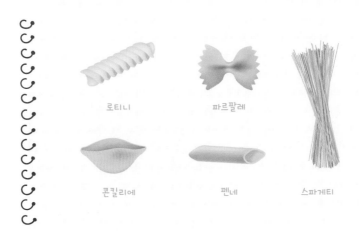

로티니   파르팔레

콘킬리에   펜네   스파게티

만들어 볼까요

{ 스파게티 면 만들기 }

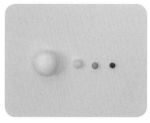

① 흰색, 노란색, 주황색, 갈색 클레이를 10:3:2:1의 비율로 준비해요.

② 스파게티 면을 만들기 위해 흰색, 노란색, 주황색, 갈색 클레이를 잘 섞어요.

③ 클레이를 조금씩 떼어 손가락으로 살살 밀며 옆으로 길게 빼요.

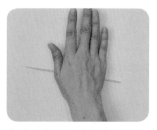

④ 손바닥으로 밀어서 더 길게 만들어요.

⑤ 여러 개를 만들어 완성해요.

{ 토마토소스 만들기 }

① 빨간색, 주황색, 갈색 클레이를 10:3:1의 비율로 준비해요.

② 빨간색, 주황색, 갈색 클레이를 잘 섞어요.

③ 뭉친 클레이를 동그랗게 빚은 후 손으로 얇게 펴서 소스가 퍼진 모양을 만들어 주면 완성이에요.

{ 소시지 만들기 }

① 주황색, 빨간색 클레이를 10 : 2의
비율로 잘 섞은 뒤 일부를 떼어서
소시지 모양을 만들어요.

② 공작 칼로 소시지 모양을 새겨요.

③ 모양을 정돈하면 완성이에요.

{ 접시 만들기 }

① 흰색 클레이를 밀대로 밀어서 얇게
편 후 종이컵 바닥 모양을 찍어서
동그라미 모양을 만들어요.

② 동그라미 선 바깥의 클레이를 잘
다듬어 가장자리를 깨끗하게 다
듬어요.

③ 모양을 정돈하면 완성이에요.

{ 합체하여 꾸미기 }

① 만들어 놓은 스파게티 면의 끝부분
을 잘라 깔끔하게 정리해요.

② 만든 접시에 스파게티 면을 원을
그리듯이 말아서 올려요.

③ 여러 가닥을 올려서 풍성하게 만
들어요.

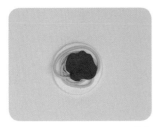

④ 스파게티 면 위에 토마토소스를 올려요.

⑤ 토마토소스 위에 소시지를 가지런히 올려요.

⑥ 초록색 클레이를 얇고 길게 만든 후 공작 칼로 조금씩 잘라서 바질 가루를 만들어요.

⑦ 굳은 바질 가루를 스파게티 위에 뿌려서 장식해요.

⑧ 모양을 예쁘게 정돈하면 완성돼요.

플러스 활동

관련 도서를 읽으면 다른 나라에 대한 지식이 더욱 풍부해져요.

『세계 음식 지도책』
주영하 · 최설희 글 | 박진아 · 이동승 그림 | 상상의 집

빵, 피자, 사탕, 초콜릿 등 아이들이 좋아하는 세계 음식의 역사와 숨은 이야기를 소개해 주는 책이에요.

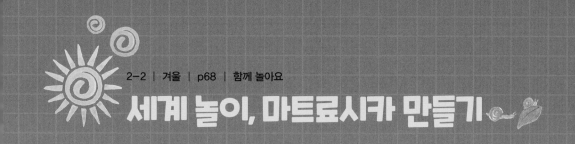

세계 놀이, 마트료시카 만들기

러시아 전통 인형인 마트료시카는 인형 안에서 작은 인형들이 끊임없이 나오는 신기한 목각 인형이에요. 보통 6개 이상이 나오는데, 15개가 나오는 마트료시카도 있다고 해요. 러시아에서 마트료시카는 행운을 상징해요. 크기가 다양한 종이컵을 이용해서 귀여운 마트료시카를 만들어 볼까요?

★ 준비물 ★

크기가 다양한 종이컵,
양면테이프, 가위, 풀, 유성 매직,
네임펜, 컴퍼스, 눈 모양 스티커,
폼폼이, 리본, 색종이,
유리테이프

'함께 놀아요' 수업은 세계 여러 나라의 장난감을 살펴보고 마음에
드는 장난감을 만들어서 친구들과 놀이하는 시간이에요. 만들기를
하기 전에 주제에 대해 대화를 나누면 흥미를 높이고 학습을 도울
수 있어요.

- "우리 ○○은 어떤 장난감이 제일 좋아?"
- "이 장난감은 어떻게 놀이해야 할까?"

창의력
쑥쑥 활동

만들기 놀이를 하기 전에 마트료시카의 특징을 자세히 관찰해 보세
요. 창의력은 관찰을 잘하는 것에서부터 출발해요.

- 여자아이의 모습이 저마다 달라요.
- 볼록한 항아리 모양이에요.
- 크기가 점점 작은 인형이 계속 나와요.
- 엄청 화려한 러시아 전통의상을 입고 있어요.

{ 몸통 만들기 }

❶ 크기가 같은 종이컵 두 개를 준비
해요.

❷ 종이컵의 크기를 고려하여 보라색
색종이에 항아리 모양을 그려요.

❸ 그린 선을 따라 오려요.

❹ 잘라 놓은 항아리 모양을 이용해
서 민트색 색종이에 스카프 모양
을 그려요.

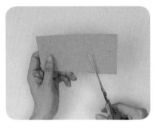

❺ 그린 선을 따라 예쁘게 오려요.

❻ 항아리 모양에 스카프 모양을 풀
로 붙여요.

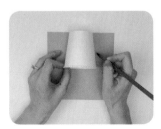

❼ 종이컵을 똑바로 세운 다음 앞부
분에 항아리 모양을 붙여요.

❽ 몸통 부분에 폼폼이를 양면테이
프로 붙여서 꾸며요.

{ 머리 만들기 }

❶ 종이컵 크기를 고려해 보라색 색종이에 엎어진 항아리 모양을 그려요.

❷ 그린 선을 따라 오려요.

❸ 살색 색종이에 컴퍼스를 이용해서 동그라미를 그려요.

❹ 그린 선을 따라 오려요.

❺ 잘라 놓은 항아리 모양을 이용해서 갈색 색종이에 머리카락 모양을 그려요.

❻ 그린 모양을 따라 머리카락을 예쁘게 오려요.

❼ 갈색 동그란 원(얼굴)을 항아리 모양에 붙인 뒤 머리카락을 예쁘게 붙여요.

❽ 눈 모양 스티커를 붙인 뒤 빨간 색종이로 만든 볼 장식을 붙여요.

tip 인형 크기에 따라서 눈 모양 스티커 사이즈를 골라 붙이면 좋아요.

❾ 네임펜으로 입을 그리고 보라색 유성 매직으로 항아리 부분에 무늬를 그려요.

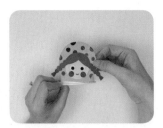

⑩ 종이컵을 뒤엎은 상태로 얼굴 모
   양을 앞부분에 붙여요.

{ 합체하여 꾸미기 }

❶ 유리테이프로 두 종이컵을 연결
   한 뒤 양면테이프로 리본을 붙여
   서 꾸미면 완성돼요.

❷ 같은 방법으로 크기가 다른 종이
   컵과 다른 색의 색종이를 이용해
   서 여러 개 만들어요.

플러스 활동

네덜란드의 화가 중에 피테르 브뤼헐이라는 작가가 있어요. 그는 어렵지 않고 재미
있는 그림으로 유명한데요. 당시 화가들은 왕이나 귀족과 같은 권력층의 사람들을
그린 데 반해 브뤼헐은 평범한 사람들의 모습을 재치와 유머를 담아 표현했어요.
브뤼헐이 1565년에 그린 그림 중에 〈아이들의 놀이〉는 막 걸음마를 뗀 아이부터 소
년기의 아이들까지 약 250명의 아이들이 90여 가지의 놀이를 즐기는 모습을 담고
있어요. 당시 네덜란드 아이들이 했던 놀이 9가지를 그림 속에서 찾아보세요.

보기) 팽이치기, 거꾸로 매달리기, 조약돌 맞추기, 물구나무서기, 등 잡고 넘는 말타기 놀이, 손가마 태우기, 굴렁쇠 굴리기, 말뚝박기, 공기놀이

정답)

세계 춤, 훌라춤 의상 만들기

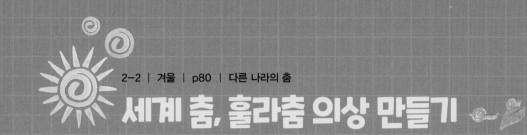

세계 여러 나라는 저마다 독특한 춤을 가지고 있어요. 그것을 '민속춤'이라고 하는데요. 오랜 시간 전해 내려온 춤이기 때문에 그 나라의 생활 모습과 정서가 담겨 있어요. 또 민속 의상을 입고 추기 때문에 의복 문화도 엿볼 수 있지요. 우리나라의 탈춤을 떠올리면 이해가 쉬워요. 많이 알려진 민속춤 중에 하와이의 훌라춤이 있어요. 하와이 원주민의 말로 '춤추다'라는 뜻이라고 해요. 화려한 수술 치마를 입고, 꽃목걸이를 하고, 머리에는 꽃을 단 뒤 물결치듯 부드럽게 추는 춤이지요. 화려하고 예쁜 전통 옷을 만들어 멋진 훌라춤을 춰보세요.

★ 준비물 ★

습자지, 색지(초록색), 연필,
빵 끈, 핑킹 가위, 양면테이프,
가위, 스테이플러,
납작 고무줄, 인조 꽃

'다른 나라의 춤' 수업은 다른 나라의 춤을 배운 뒤 민속춤 의상을 만들어 발표회를 하는 시간이에요. 만들기를 하기 전에 다음 대화를 통해 흥미를 북돋고 학습을 도울 수 있어요.

- "하와이에는 훌라춤이라는 전통춤이 있대, 혹시 들어본 적 있니?"
- "허리를 돌리며 손과 팔을 부드럽게 휘젓는 식으로 추는 춤이야. 한번 해볼까?"

창의력
쑥쑥 활동

명화 중에는 춤을 추는 장면을 그린 작품이 많아요. 명화를 잘 살펴보면 시대와 장소에 따라 춤이 달라지는데요. 다양한 옷과 장신구를 구경하는 재미도 놓칠 수 없어요. 에드가 드가의 작품인 〈세 명의 러시아 무용수〉를 함께 감상하며 다른 나라의 춤을 느껴보세요. 드가는 발레나 무희들을 많이 그렸던 작가인데요. 빨간 꽃을 귀에다 꽂고 붉은 옷을 입은 무용수들의 움직임을 파스텔로 멋지게 표현했어요.

〈세 명의 러시아 무용수〉

만들어 볼까요

{ 꽃반지 만들기 }

❶ 습자지 3장을 준비해요.

❷ 습자지를 모아 3등분을 해서 접어요.

❸ 3등분을 해서 접은 습자지를 다시 반으로 접어요.

❹ 접은 습자지 크기에 맞춰 초록색 색지를 준비한 뒤, 습자지 위에 올려놓고 스테이플러로 가운데를 고정해요.

❺ 초록색 색지 가운데 종이컵을 올려놓고 원을 따라 그려요.

❻ 그린 원을 따라 핑킹 가위로 잘라요.

tip 핑킹 가위로 자를 때 습자지가 밀릴 수 있으니 습자지를 잘 잡고 잘라요.

❼ 삐뚤게 잘라진 부분이 없는지 확인하세요.

❽ 빵 끈을 가운데에 올려놓고 앞에서 고정한 위치에 십자 모양으로 다시 한번 스테이플러를 찍어요.

❾ 습자지를 한 장씩 펴서 구겨 주어요.

⑩ 뒷부분에 빵 끈을 동그랗게 만들 어서 이어요.

⑪ 모양을 정돈하면 완성돼요.

{ 치마 만들기 }

❶ 습자지 4장을 준비해요.

❷ 스테이플러로 4장의 습자지 위쪽 을 세 군데 정도 고정한 뒤 위에 서 7cm 정도 남기고 일정한 간격 으로 세로로 잘라요.

❸ 똑같은 방법으로 3개를 만들어요.

❹ 만든 3개를 스테이플러로 연결해요.

❺ 자르지 않은 윗부분에 두꺼운 양 면테이프를 붙여요.

❻ 양면테이프 위에 납작 고무줄을 올려놓고 습자지를 접어 붙여요.

tip 일반 고무줄보다 납작 고무줄이 양면테이프에 잘 붙어요.

❼ 허리 부분에 습자지가 뜨는 부분
은 없는지 꼼꼼히 확인하고 풀이
나 테이프로 고정시켜요.

❽ 자르지 않은 부분에 장식용 꽃을
양면테이프로 붙여서 꾸며 주세요.

❾ 모양을 정돈하면 완성돼요.

플러스 활동

습자지는 얇아서 잘 찢어지고 쓰기 어려운 재료지
만 여러 장을 겹쳐서 만들면 하늘하늘한 느낌을
잘 살려 주는 재료예요. 꽃반지 만드는 법을 응용
해서 습자지 꽃을 만든 후 뒷면에 안 쓰는 핀이나
머리띠에 장식하면 예쁜 꽃핀과 꽃머리띠가 돼요.
습자지 꽃을 여러 개 만든 후 연결해서 꽃목걸이
를 만들어도 좋아요.

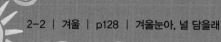

봄을 품은 겨울눈 액자

겨울나무를 관찰해 보면 나뭇가지에 군데군데 삐죽 튀어나온 것이 있답니다. 바로 겨울눈인데요. 겨울눈은 비늘이나 털이 잎눈과 꽃눈을 감싸고 있어 추운 겨울에도 얼지 않아요. 마치 싹이 두꺼운 가죽옷이나 털옷을 입은 것과 같아요. 봄이 되면 이 겨울눈에서 파릇한 잎과 예쁜 꽃이 피어나지요. 그러니 겨울눈을 관찰할 때는 자연을 보호하는 마음을 가져야 해요. 겨울눈을 따거나 나뭇가지를 부러뜨려서는 안 돼요. 또 돋보기를 사용해서 관찰할 때는 렌즈를 통해서 직접 햇빛이 눈에 들어오지 않도록 조심해야 해요. 눈을 다칠 수도 있답니다. 이제 신비하고 비밀스러운 겨울눈 액자를 만들어 볼까요?

★ 준비물 ★
나뭇가지, 공예풀, 클레이,
폼보드(검은색),
띠 골판지(은색)

'겨울 탐정대의 친구 찾기' 단원 중에서 학교 주변 나무에 있는 겨울눈을 찾아 관찰한 뒤 표현해 보는 수업이에요. 식물들의 겨울나기에 대한 질문을 통해 만들기의 흥미를 북돋고 학습을 유도할 수 있어요.

- "겨울눈 안에는 무엇이 들어 있을까?"
- "목련, 개나리에도 겨울눈이 있어. 겨울눈은 모두 똑같이 생겼을까?"

창의력
쑥쑥 활동

미술 활동을 하기 위해서는 잘 관찰하는 것이 무엇보다 중요해요. 그래야 모양이 어땠는지, 색은 어땠는지, 어떤 특징을 갖고 있는지를 표현할 수 있어요.
다음 겨울눈 사진을 보며 모양, 크기, 색을 관찰한 뒤 이야기를 나눠 보세요. 나무에 따라 겨울눈의 모양과 색이 다르다는 것을 알려 주세요. 나뭇가지 모양이 어떠한지도 유심히 살펴요.

모양:

크기:

색:

① 주워 온 나뭇가지와 적당한 크기의 폼보드를 준비해요.

tip 나뭇가지 크기에 맞게 폼보드를 준비해요.

② 나뭇가지를 예쁘게 배치해서 나무를 표현해요.

③ 공예풀을 이용해서 나뭇가지를 붙인 뒤 충분히 말려요.

tip 나뭇가지처럼 울퉁불퉁하거나 굴곡이 있으면, 붙이기가 힘들어요. 가지를 다자른 후 하나씩 붙여요.

④ 관찰한 겨울눈과 비슷한 색깔의 클레이를 쌀알처럼 빚어 나뭇가지에 붙여 주세요.

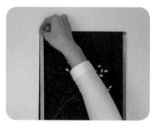

⑤ 폼보드 테두리는 은색 띠 골판지를 양면테이프를 활용해 붙여요.

⑥ 폼보드 테두리를 모두 붙이면 겨울눈 액자가 완성돼요.

아이가 겨울눈에 대해서 관심을 보인다면 식물도감 책을 읽고 다양한 겨울눈에 대해 알아보세요. 식물에 흥미를 가지는 좋은 계기가 되어요.

『겨울눈 도감』

이광만 · 소경자 지음 | 나무와문화

우리 주변에서 볼 수 있는 낙엽수 192종의 겨울눈을 사진과 그림으로 자세히 소개하는 책이에요. 사람의 모습이 저마다 다르듯이, 나무도 저마다 다르다는 것을 알게 되어요.

『봄 여름 가을 겨울 식물도감』

윤주복 지음 | 진선아이

식물생태연구가인 저자가 아이들이 자연에서 마주하는 식물들의 이름과 특징을 알려 주는 책이에요. 꽃과 나무가 어떻게 살아가는지 사진을 통해 자세히 설명해 줘요.

★3장★

재미와 이론을 동시에 잡아요!

3학년
미술 놀이

스트링 아트로 하트 만들기

'스트링 아트'는 영국의 수학자가 처음으로 만들어 냈어요. 일정한 규칙에 따라 직선을 그으면, 그 직선이 모여 곡선 모양이 만들어지는 원리를 활용한 예술을 뜻해요. 다양한 색깔의 실로 작품을 만드는데요. 처음에는 선을 감는 것조차 낯설고 힘들지만 몇 번 하다 보면 요령이 생겨요. 또 색이 어떻게 채워지는지 원리를 알게 되어 나중에는 미리 계산하고 만들 수 있게 돼요. 간편하게 할 수 있는 데다 완성된 작품이 예뻐서 어른도 힐링 미술로 많이 하고 있지요. 아이와 함께 도안을 고르고 여기에 어울리는 실을 선택해 스트링 아트를 해보세요.

★ 준비물 ★

PVC판(또는 폼보드), 도안,
유리테이프, 핀(또는 작은 못),
색깔 실, 가위

'선에서 형으로' 단원은 선의 종류와 느낌을 탐색하고 다양한 선으로 형을 만들어 보는 시간이에요. 만들기를 하기 전에 아이와 대화를 나눠 흥미를 북돋고 학습을 도울 수 있어요.

- "구불구불한 곡선은 부드러운 느낌을 줘. 지그재그 선은 어떤 느낌이 들까?"
- "선만으로 그리거나 만들 수 있는 것에는 무엇이 있을까?"

초등학교와 중학교 수학 교과에서 스트링 아트 원리를 배운다는 사실 알고 있나요? 규칙에 따라 선분 긋기가 그중 하나인데요. 스트링 아트를 만들어 보면서 자신도 모르게 수학적 원리를 경험할 수 있지요.

처음 시작할 때, 복잡한 도안이나 그림을 선택하면 흥미를 잃

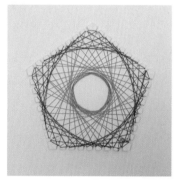

규칙에 따라 선분 긋기 예시 활동

기 쉬워요. 처음에는 간단한 도안으로 시작해서 아이의 성취감을 키워 준 후 복잡한 도안으로 조금씩 넘어가야 해요.

❶ PVC판 위에 도안을 적당한 위치에 올려놓고 유리테이프로 고정시켜요.

tip 도안은 최대한 간단한 것으로 준비하세요.

❷ 하트 외곽선을 따라 핀을 1cm 간격으로 꽂아 고정시켜요.

tip 간격이 너무 촘촘하면 실이 자꾸 빠져서 힘들 수 있어요.

❸ 고정시킨 도안을 살살 떼어 내요.

❹ 핀들이 하트 모양으로 잘 꽂혔는지 살펴보고 모양이 이상하거나 간격이 안 맞는 부분을 바로잡아 주세요.

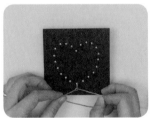

❺ 처음 시작할 때는 핀에 실을 매듭지어 두 번 묶어요.

❻ 매듭의 끝부분 실은 깔끔하게 잘라요.

❼ 테두리부터 실을 핀 하나당 한 번씩 감아 주세요.

❽ 천천히 하나씩 다음 핀으로 옮겨가며 실을 감아요.

❾ 테두리 전체를 다 감아요.

⑩ 테두리를 다 감은 후 규칙적으로 대각선으로 대응되는 핀끼리 실을 감아 줘 중앙 부분을 채워요.

⑪ 전체를 꼼꼼하게 감아요.

⑫ 다 감았다면 실을 조금 남기고 잘라요.

스트링 아트
하트 완성!

⑬ 끝부분을 매듭짓고 남은 실은 가위로 잘라요.

선으로 만든 황금 나무

어떤 사물에 대해 말할 때 우리는 "그건 빨간색이고, 동그랗게 생겼어."라고 해요. 여기서 빨간색은 '색'을, 동그랗다는 모양인 '형'을 뜻해요. 색, 점, 선, 면, 형은 조형 요소의 기본 요소예요. 무수히 많은 점이 모여 선을 이루고, 선이 모여 면이 되고, 면이 모여 형을 이루지요. 선을 대표하는 재료인 공예용 철사와 형을 대표하는 재료인 색종이를 사용하여 멋진 황금 나무를 만들어 보세요. 조형 요소를 이해하는 데 큰 도움이 돼요.

★ 준비물 ★
공예용 철사(황금색),
색종이, 가위,
양면테이프

'우리가 찾은 색, 선, 형' 단원은 주변에 다양한 대상을 관찰하고 색, 선, 형의 특징을 찾아 다양하게 표현해 보는 시간이에요. 만들기를 하기 전에 주변에 있는 사물에서 조형 요소를 찾아 보는 대화를 해 보세요. 만들기에 흥미를 북돋고 학습을 도울 수 있어요.

- "공책은 네모 모양이야. 원 모양의 학용품에는 뭐가 있을까?"

창의력
쑥쑥 활동

사진 속 사물과 색, 선, 형의 특징을 알맞게 표현한 것끼리 연결해 보세요.

• • •

• • •

| 색 – 여러 가지 색
선, 형 – 긴 곡선이
　　　　달팽이처럼
　　　　돌돌 | 색 – 노란색
선 – 타원형
형 – 줄무늬 | 색 – 초록색
선 – 짧은 선
형 – 둥글납작 |

171

❶ 공예용 철사를 준비해요.

❷ 공예용 철사를 길게 여러 겹 겹쳐 나무 기둥을 만들어요.

❸ 나무 기둥을 한 번 감은 후 아래 쪽에 뿌리를 5개 만들어요.

❹ 뿌리 5개를 한 번씩 돌려 꼬아 준 뒤, 공예용 철사를 한 번씩 감아요.

❺ 공예용 철사로 나무 기둥을 여러 번 감아요.

❻ 나무 기둥을 위쪽으로 감으면서 올라가서 나뭇가지를 여러 개 만 들어요.

❼ 다양한 크기의 나뭇가지를 여러 개 만들어요.

❽ 나뭇가지를 다양한 방향으로 만 들어서 풍성하게 해요.

❾ 전체적으로 살펴보고 부족한 부 분에 공예용 철사를 감아요.

⑩ 노란색, 초록색 계열의 색종이를 여러 장 준비해요.

⑪ 색종이를 겹쳐 반으로 접기를 두 번 해서 정사각형을 만들어요.

⑫ 나무 잎사귀를 여러 개 그린 후 오려요.

⑬ 잎사귀와 나무를 준비해요.

⑭ 양면테이프로 잎사귀를 붙여요.

⑮ 높낮이와 색깔을 다양하게 조정해 서 붙이면 황금 나무가 완성돼요.

tip 나무 모양을 미리 스케치한 후 만 들면 훨씬 잘 만들 수 있어요.

선, 색, 형으로 표현되는 추상화

꽃과 나무는 미의 상징이기도 하면서 청춘, 젊음을 상징해요. 그래서 꽃과 나무를 소재로 그림을 그린 화가들이 많아요. 그중 네덜란드 화가 피에트 몬드리안은 꽃과 나무를 독특하게 해석해 그린 화가입니다. 몬드리안이 그린 〈꽃 피는 사과나무〉란 작품을 한번 볼까요? 꽃이 핀 사과나무처럼 전혀 보이지 않는 이 그림

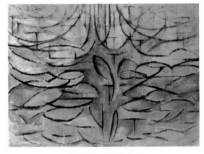

〈꽃 피는 사과나무〉

은 소재를 단순화시켜서 수직과 수평으로 나무를 표현하고 있어요. 이런 작품을 추상화라고 해요. 추상화는 사물을 실제 모습과 똑같이 표현하기보다 점, 선, 면, 형, 색과 같은 순수한 조형 요소로 표현한 그림을 말해요.

몬드리안은 차가운 추상화의 대표적인 화가예요. 눈에 보이는 겉모습보다 그 대상의 본질적인 모습을 선과 빛, 색을 이용해서 표현했지요. 또 차가운 느낌을 주는 화면 구성으로 현대의 디자인과 건축에 많은 영향을 끼쳤답니다.

은박지 장수풍뎅이 만들기

우리 주변에는 많은 사물이 있지만 늘 자주 보다 보니 그냥 지나칠 때가 많은데요. 자세히 들여다보면 새로운 사실들을 발견할 수 있답니다. '어? 내가 알던 동그라미 모양이 아니라 좀 더 올록볼록한 모양이구나!' '검은색이 아니라 진한 밤색이었구나!' 이렇게요. 익숙한 대상도 자세히 관찰하면 새로운 면이 보인답니다. 작은 곤충도 자세히 관찰해 보면 '어? 더듬이가 이렇게 생겼었나? 다리에는 털도 있네.' 이렇게 몰랐던 특징을 알게 돼요. 내가 좋아하는 곤충을 자세히 관찰해 본 뒤 특징을 살려 만들어 봐요.

★ 준비물 ★
은박지,
화장지 한 장, 가위

'관찰하여 표현하기' 단원 중 입체로 곤충 만들기를 해보는 활동이에요. 입체로 만들어야 하기 때문에 여러 방향으로 찍은 사진을 관찰해야 해요. 다음 대화를 통해 미술 활동에 도움을 줄 수 있어요.

- "장수풍뎅이의 다리는 몇 개야?"
- "가장 눈에 띄는 장수풍뎅이의 특징은 무엇이니?"

은박지는 잘 구겨져서 원하는 모양을 만들 수 있어요. 원하는 만큼 찢어 사용하기에도 편리하지요. 다만 한번 모양을 만들면 다시 펴기 힘든 단점이 있어요. 이렇듯 재료마다 장단점이 있으니, 곤충의 특징을 어떻게 표현할지 고민해 보세요. 특징을 잘 살려 줄 재료에는 무엇이 있을지도 함께 떠올려 보세요.

- 관찰하기 : 곤충의 특징을 살펴요.
  예) 날개, 다리 개수, 몸통 모양 등

- 재료 탐색하기 : 특징을 살려 줄 재료를 고민해요.
  예) 잘 구부러지는 모루

- 만들기 계획 세우기 : 계획을 세울 때는 큰 형태에서 세부 형태로 넘어가요.
  예) 몸통 → 다리 → 날개 → 더듬이

① 화장지를 뭉쳐 동그랗게 만들어요.

tip 은박지를 뭉쳐서 몸통을 만들면 몸통이 딱딱해져서 모양이 제대로 안 잡혀요.

② 광택이 없는 은박지 면에 화장지를 올려놓고 잘 감싸요.

tip 구기면서 은박지가 뾰족해져서 손을 다칠 수 있으니 조심히 다루세요.

③ 동그랗게 몸통을 만들어요.

④ 몸통을 넉넉히 감싸고 남을 만큼 잘라 감싸요.

tip 너무 두껍게 은박지를 감으면 모양이 제대로 만들어지지 않으니 조심하세요.

⑤ 몸통을 감싸고 남은 은박지를 가로로 다리 개수만큼 6개로 잘라요.

⑥ 자른 은박지를 각각 뭉쳐요.

⑦ 뭉친 은박지를 다리 모양으로 다듬어요.

⑧ 머리 부분을 다듬어서 둥글게 만들고 몸통 모양을 정돈해서 머리와 몸통을 구분해요.

⑨ 은박지를 길게 잘라 머리 부분을 아래에서 위로 감아요.

177

⑩ 위로 감고 남은 은박지로 장수풍뎅이의 둘로 갈라진 뿔을 만들어요.

⑪ 가위로 뿔을 적당한 길이로 잘라요.

⑫ 손으로 뿔을 잘 다듬어요.

⑬ 은박지를 길게 잘라 머리 부분을 아래에서 위로 감아요.

⑭ 위로 감고 남은 은박지를 사용해 장수풍뎅이의 하늘로 치솟은 뿔을 만든 후 가위로 정돈해요.

⑮ 자른 뿔을 손으로 잘 다듬어 주세요.

⑯ 장수풍뎅이의 특징을 살려 다리 모양을 다듬어요.

⑰ 부족한 부분은 없는지 살펴보고 보완해서 완성해요.

훌라후프 하는 사람 만들기

이수지 작가의『선』(비룡소)은 스케이트를 타는 소녀가 빙판 위에 남긴 다양하고 아름다운 선으로 가득 채워진 그림책이에요. 이처럼 모든 예술의 시작인 선을 활용해서 훌라후프 하는 동작을 만들어 볼 텐데요. 이를 통해 인체의 비율과 특징을 이해할 수 있어요. 또 동작을 직접 만들어 봄으로써 동세(그림이나 조각에서의 운동감)에 대한 이해가 높아져 그림 실력이 향상돼요.

★ 준비물 ★
철사, 니퍼(또는 가위), 폼보드, 침핀

'아름다움의 열쇠, 조형 요소' 단원은 우리 주변에서 선과 형을 살피고, 표현해 보는 시간이에요. 만들기를 하기 전에 아이와 관련 주제에 대해 대화를 나눠 보세요. 흥미를 북돋고 학습을 도울 수 있어요.

- "거미줄도 선으로 이루어져 있어. 우리 주변에서 발견할 수 있는 선에는 또 무엇이 있을까?"

선이란 사물의 윤곽을 나타내거나 면을 구분한 것으로 곡선, 직선, 긴 선, 짧은 선, 굵은 선, 가는 선, 강한 선, 약한 선이 있어요. 표현 의도에 따라 다양한 선을 활용할 수 있지요. 선의 특징을 나타내는 재료에는 무엇이 있을까요? 다음은 예시예요.

- 직선(직선적이고 딱딱한 특성) – 나무젓가락, 이쑤시개, 수수깡, 붓, 빨대 등
- 곡선(구부러지는 특성) – 모루, 털실, 철사, 리본, 끈, 실. 전선, 호스 등

만들어 볼까요

① 철사를 동그랗게 여러 번 감아서 공 모양을 만들어요.

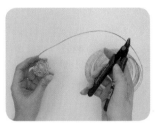

② 어느 정도 공 모양이 단단하게 만들어졌으면 철사를 조금 길게 잡아 니퍼로 잘라요.

tip 니퍼로 철사를 자르면 끝부분이 뾰족해질 수 있으니 주의하세요.

③ 철사 끝을 공 모양 중앙으로 넣은 뒤 아래로 빼내요.

④ 손잡이가 있는 막대 사탕 같은 모양이 만들어져요.

⑤ 철사로 손잡이 부분을 감아서 몸통을 만들어요.

⑥ 길게 팔을 만들어 준 후 다시 감아서 두껍게 만들어요.

⑦ 몸통의 허리 부분을 철사로 감으며 내려와요.

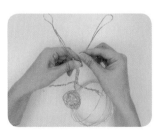

⑧ 길게 다리를 만들어 준 후 다시 감아서 두껍게 만들어요.

⑨ 다른 쪽 다리도 만들어요.

⑩ 다리의 끝부분을 살짝 접어 발 모
양을 만든 후 잘라요.

⑪ 전체적으로 부족한 부분에 철사
를 감아서 채워요.

⑫ 허리 부분에서 철사를 감아요.

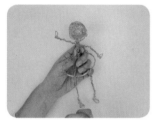

⑬ 크고 둥글게 훌라후프 모양을 만
들어요.

⑭ 모양을 정돈한 뒤 폼보드에 핀으
로 고정시켜서 세우면 완성돼요.

tip 상체보다 하체를 튼튼하게 만들
거나 발을 크게 만들면 폼보드 없
이도 세울 수 있어요.

플러스 활동

철사로 공 모양으로 만들어서 크리스마
스 장식으로도 쓸 수 있어요. LED 공을
철사로 감으면 돼요. 또 꼬마전구를 이
용해서도 멋진 조명을 만들 수 있어요.

철봉 놀이 하는 아이

일상생활에서 경험했던 인상적이고 감동적인 장면을 표현하는 것을 '경험 표현'이라고 해요. 경험 표현을 할 때는 움직임 표현이 아주 중요한데요. 잘 구부러지는 은박지는 움직임을 나타내기에 아주 좋은 재료예요. 움직임을 표현할 때는 직접 포즈를 취해 보거나 사진을 보면서 다리 모양이 어떤지, 팔 모양은 어떤지 세심한 관찰이 필요해요. 처음에는 은박지를 어떻게 구겨야 할지 몰라서 망치는 경우가 많아요. 손에 익지 않은 재료라 처음에는 누구나 실패할 수 있다고 격려해 주세요. 몇 번 만들어 보면 금방 능숙해져요.

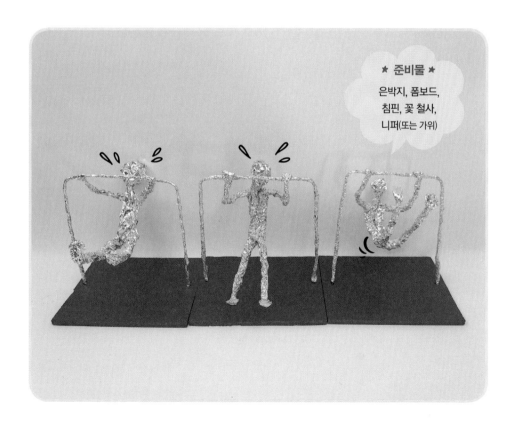

★ 준비물 ★
은박지, 폼보드,
침핀, 꽃 철사,
니퍼(또는 가위)

183

'나, 너, 우리 함께' 단원은 다양한 경험을 떠올려 보고 표현해 보는 시간이에요. 어떤 추억들이 있는지 사진첩이나 일기장을 살펴봐도 좋아요. 만들기를 하기 전에 아이와 주제와 관련해 대화를 나눠 보세요.

- "최근에 재밌었던 일이 있었니?"
- "지난 주말에 친구들과 뭐 하고 놀았어?"

갑자기 만들기 주제를 떠올리려고 하면 아무 생각이 안 나곤 해요. 다음 방법으로 경험을 떠올려 본 뒤 빈칸을 채워요.

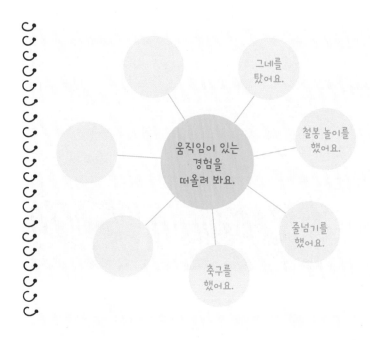

❶ 가로 30cm, 세로 25cm 크기의 은박지를 반짝이는 면이 보이게 반으로 접어요.

❷ 다시 3등분을 해서 접어요.

❸ 펼친 후 제일 아랫부분(다리)을 가위로 2등분 한 뒤 다리가 길어지도록 1cm 정도 더 잘라 줘요.

❹ 가장 윗부분(머리, 팔)을 3등분 한 다음, 아랫부분을 천천히 구겨서 다리를 만들어요.

❺ 3등분 한 윗부분 중 가운데 부분(머리)을 남기고 양끝을 천천히 구겨서 팔을 만들어요.

❻ 가운데 부분(몸통)을 천천히 구겨서 몸통을 만들어요.

❼ 머리 부분을 둥글게 구겨서 만들어요.

❽ 발목, 발, 팔, 팔목, 손 모양을 잡아요.

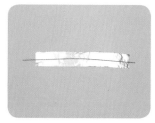

❾ 은박지 위에 꽃 철사를 올려놓아요.

185

⑩ 꽃 철사를 은박지로 감은 후 양쪽
   을 구부려 철봉 모양을 만들어요.

tip 철봉이 크면 니퍼나 가위로 잘라요.

⑪ 은박지 사람의 손을 구부려서 철
   봉에 감은 후 자세를 다듬어요.

⑫ 완성된 철봉 놀이 하는 사람을 폼
   보드에 꽂아요.

tip 고정이 안 되면 찰판을 이용하세요.

[플러스 활동]

은박지 사람 만드는 법을 응용해서 다른 작품도 만들 수 있어요. 축구하는 사람, 발
레하는 사람, 역도하는 사람 등 자유롭게 만들어 보세요.

 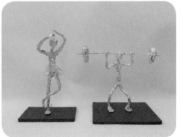

계절의 색으로 표현한 생일 나무

사계절 하면 무슨 색깔이 먼저 떠오르나요? 봄은 새싹과 꽃이 피는 계절이라 분홍색이나 노란색이 생각나요. 여름은 시원한 바다의 파란색이 생각나고요. 가을은 낙엽의 주황색이나 갈색이 떠올라요. 겨울은 눈의 하얀색이 생각나지요. 이렇게 계절마다 떠오르는 색이 있는데요. 생일 달력 만들기 활동은 계절의 특징을 잘 살려 표현하는 것이 핵심이에요. 겨울 생일을 맞이한 친구들을 위해 멋진 생일 나무를 만들어 보아요.

★ 준비물 ★
양면테이프, 벌집 종이
(초록색, 빨간색), 공예풀,
색지(검은색), 도화지, 가위,
색연필, 리본

'내 생활 속의 색' 단원에서는 생활 주변의 색을 찾아보고 색의 느낌을 표현하는 시간을 가져요. 그중에서 생일 달력은 계절에 어울리는 색의 느낌을 살린 만들기 활동인데요. 친구들의 생일을 사계절로 분류해서 꾸며도 좋고, 달마다 주제를 정해 만들어도 좋아요. 만들기를 하기 전에 아이와 주제와 관련하여 대화를 나눠 보세요.

• "○○○는 4월생이잖아. 4월의 특징은 무엇일까?"

벌집 종이는 허니컴 페이퍼라고도 해요. 흔하게 쓰는 재료는 아니지만 쓰는 방법을 알면 아주 유용해요. 특히 입체 모양을 표현하는 데 편리해서, 수학에서 회전체 설명을 할 때 사용되곤 해요. 벌집 종이 이용법을 알아 두면 입체 도형을 이해하는 데 도움이 돼요. 다음 도형을 회전하면 무슨 모양이 나오는지 확인해 보세요.

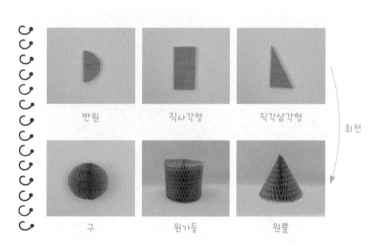

반원   직사각형   직각삼각형

회전

구   원기둥   원뿔

만들어 볼까요

❶ 도화지에 나무 모양을 반만 그려요.　❷ 나무 모양 아래에 반원을 그려요.　❸ 그린 나무 모양과 원 모양을 오려요.

❹ 초록색 벌집 종이에 오린 나무 모　❺ 그린 나무 모양의 선을 따라 가위　❻ 나무 모양을 3개 더 그려서 오려요.
　 양을 대고 따라 그려요.　　　　　　 로 오려요.

❼ 빨간색 벌집 종이에 오린 반원 모　❽ 그린 반원 모양의 선을 따라 가위　❾ 반원 모양을 2개 더 그려서 오려요.
　 양을 대고 따라 그려요.　　　　　　 로 오려요.

⑩ 한쪽 면에 풀칠을 해서 나무 모양 2개를 붙여요.

⑪ 벌집 종이를 펼쳐요.

⑫ 나머지 2개 나무 모양도 똑같이 붙여 준 뒤 만들어 놓은 나무 모양과 연결해서 입체 트리를 만들어요.

tip 탄성력 때문에 붙이기 힘들 때는 중간중간 펼치며 늘려 주면 돼요. 단 억지로 잡아당기면 찢어질 수 있어요.

⑬ 트리 꼭대기 부분에 빨간색 원을 공예풀로 붙여요.

⑭ 색지를 생일인 사람의 수에 맞게 네모로 자른 뒤 모서리를 둥글게 다듬어 생일 카드를 만들어요.

⑮ 각각의 생일 카드에 예쁜 리본을 붙여서 꾸며요.

⑯ 흰색 색연필로 이름과 생일을 적어요.

⑰ 입체 트리에 양면테이프로 생일 카드를 보기 좋게 배치하여 붙여요.

우리나라는 삼국시대부터 전해지는 전통 색이 있어요. 바로 오방색인데요. 다섯 가지 색으로 청색, 백색, 적색, 흑색, 황색을 말합니다. 음양오행 사상을 바탕으로 각각의 색은 다섯 방위를 나타내는데요. 청색은 동쪽, 백색은 서쪽, 적색은 남쪽, 흑색은 북쪽, 황색은 중앙을 뜻해요.

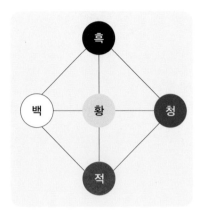

오방색은 우리나라의 전통 문화 곳곳에 스며들어 있는데요. 대표적으로 아이들이 입는 색동저고리의 색이 오방색이며, 태권도에서 실력에 따라 허리에 매는 흰 띠, 노란 띠, 파란 띠, 빨간 띠, 검은 띠의 색도 오방색이랍니다.

겉과 속이 다른 수박 만들기

실제 과일처럼 생생하게 만들어 보아요. 과일의 겉과 속 모양을 입체적으로 표현하면 더욱 실감 나게 만들 수 있어요. 그리기 위해서는 대상을 잘 관찰해야 해요. 관찰할 것을 정해 주고 숨은그림찾기 하듯이 놀이하면 아이들이 재밌어해요.

★ 준비물 ★
색지(빨간색, 흰색, 초록색),
색연필(검은색),
풀, 컴퍼스

192

'관찰하여 표현하기' 단원에서는 말 그대로 대상의 특징을 관찰한 후 특징을 표현해 보는 시간을 가져요. 채소와 과일의 겉과 속을 관찰하고 표현하는 활동을 해요. 다음과 같이 대화를 이끌며 과일을 자세히 관찰하게 해보세요. 과일 맞추기 게임을 하는 것도 좋아요.

- "참외 껍질은 노랗고 하얀색 줄무늬가 있어. 참외를 반으로 자르면 어떤 모양이 나올까?"
- "좋아하는 과일의 특징을 설명해 봐. 엄마가 맞춰 볼게."

겉과 속이 다른 과일을 찾아 다음 빈칸에 적어 보세요.

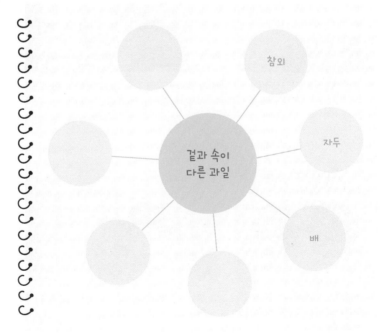

① 컴퍼스를 이용해 초록색 색지에 큰 원을 2개 그려요.

② 그린 원 모양을 따라 오려요.

③ 컴퍼스를 이용해 흰색 색지에 초록색 원보다 3mm 정도 작은 원을 그려요.

④ 그린 원 모양을 따라 오려요.

⑤ 빨간색 색지에 컴퍼스를 이용해서 흰색 원보다 6mm 정도 작은 원을 그려요.

⑥ 그린 원 모양을 따라 오려요.

⑦ 초록색 원 위에 흰색 원을 중앙에 맞춰서 붙이고 그 위에 빨간색 원을 붙여요.

⑧ 빨간색 원을 붙인 종이를 반을 접어요.

⑨ 빨간색 원에 검은색 색연필로 수박씨를 그려요.

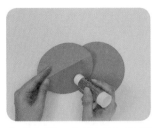  

⑩ 수박씨를 그려 넣은 원을 뒤집어 반쪽만 풀을 발라요.

⑪ 하나 남아 있는 초록색 원을 풀을 바른 면에 붙여요.

⑫ 초록색 면만 보이게 접은 후 그 위에 수박 무늬를 그려요.

tip 종이가 얇을 경우 네임펜이나 매직으로 무늬를 그리면 뒷면에 묻어날 수 있어요. 색연필을 추천해요.

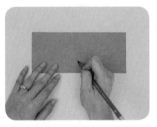  

⑬ 초록색 색지에 수박 꼭지를 그려서 오려요.

⑭ 아무 무늬도 없는 초록색 면에 풀로 꼭지를 붙여요.

〈바깥 부분〉

〈안쪽을 완전히 펼쳤을 때〉

〈반만 펼치면 겉과 속이 동시에 보여요.〉

입체 카드를 만드는 방법만 이해하면 다른 과일과 야채 모양의 카드도 만들 수 있어요. 과일이나 채소를 잘라 보고 절단면의 방향에 따라 모양이 어떻게 달라지는지도 관찰해 보세요. 사실적인 표현에 힘들어하는 아이들은 형태가 단순한 것부터 시작하세요. 다음은 사과 입체 카드를 만들어 본 것이에요.

다양한 맛의 솜사탕 만들기

그림을 표현하는 기법에는 여러 가지가 있어요. 이 기법들을 알고 잘 활용할수록 그림이 풍성해지고 멋진 작품이 완성되어요. 또 작품을 감상할 때도 그림을 이해하는 능력이 높아져요. 이 기법들을 활용해 저마다 모양이 다른 솜사탕을 만들어 보세요.

★ 준비물 ★

도화지, 물감, 붓, 빨대,
칫솔, 크레파스, 컵,
세제, 색 나무 막대

'그리기 재료의 느낌을 살려' 단원은 여러 가지 그리기 재료의 특성을 살려 자유롭게 표현하는 시간이에요. 만들기를 하기 전에 아이와 대화를 나눠 보세요. 여러 가지 표현 기법을 예측해 보고 실제 해본 뒤 어떻게 달랐는지 이야기를 나누면 좋아요.

- "물감을 뿌리면 어떤 느낌이 날까?"
- "우리 ○○가 좋아하는 코스모스는 어떤 기법으로 그리면 잘 표현할 수 있을까?"

그리기의 표현 기법은 불기, 흘리기, 번지기, 뿌리기 등 정말 다양해요. 그중에서도 아이들이 재밌어하고 쉽게 할 수 있는 기법은 다음과 같아요. 이 네 가지 기법을 사용하여 솜사탕 만들기를 해보세요.

- 불기 - 물감을 떨어뜨려 빨대로 불어서 표현
- 뿌리기 - 물감을 자유롭게 뿌려서 표현
- 배틱 - 크레파스와 물이 섞이지 않는 성질을 이용한 표현
- 거품 기법 - 주방 세제와 물감을 섞어 거품을 만든 후 거품이 터지며 생기는 자연스러운 모양 표현

만들어 볼까요

{ 불기 }

① 도화지와 수채화 물감을 준비해요.

② 붓으로 여러 가지 색의 물감을 떨어뜨려요.

③ 빨대로 불어서 물감을 여러 방향으로 퍼트려요.

tip 너무 세게 불면 머리가 어지러울 수 있어요.

{ 뿌리기 }

도구에 따라 뿌리기 느낌이 달라져요.

① 붓에 물감을 적당히 묻혀서 뿌려요.

② 다양한 색의 물감을 골고루 뿌려요.

③ 칫솔에 물감을 적당히 묻혀서 손으로 튕겨 뿌려요.

하얀색으로 그린 무늬가 드러나요.

❶ 크레파스로 종이에 흰색을 비롯해 크기와 색이 다양한 무늬를 그려요.

❷ 물감을 묻힌 붓으로 동그라미를 그려 배경을 칠하면 잘 보이지 않던 색의 무늬가 드러나요.

❸ 남은 공간을 다른 색 물감으로 채워요.

{ 거품 기법 }

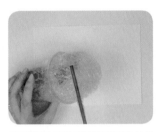

❶ 컵에 물과 주방 세제를 넣고 골고루 섞어요.

❷ 수채화 물감을 넣은 후 빨대로 저어서 물감을 잘 풀어요.

tip 물감을 많이 넣고 주방 세제와 물은 조금만 넣어요

❸ 빨대를 불어 거품을 만든 뒤 도화지 위에 떨어뜨려요. 자연스럽게 거품이 터질 때까지 기다린 후 말려요.

{ 솜사탕 만들기 }

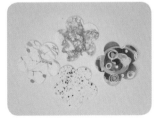

❶ 도화지에 솜사탕 모양을 그린 후 오려요.

❷ 솜사탕 모양을 여러 기법으로 표현한 그림 위에 얹어 따라 그린 후 오려요.

❸ 4가지 표현 기법을 모두 솜사탕 모양으로 잘라요.

❹ 잘라 놓은 솜사탕 모양 뒷면에 색
   나무 막대를 붙여요.

❺ 모양이 저마다 다른 솜사탕이 완
   성돼요.

불기, 뿌리기, 배틱, 거품 기법 말고도 스크래치와 마블링, 데칼코마니, 프로타주, 콜라주 등의 기법이 있어요. 다양한 표현 기법을 익혀서 그림을 그릴 때 활용해 보세요. 같은 주제의 그림을 그려도 기법이 달라지면 새로운 그림이 완성돼요. 손에 익을 수 있도록 여러 번 연습해 보세요.

프로타주

프로타주는 우리나라 말로 탁본이라고 해요. 물체를 종이에 대고 연필이나 색연필로 문지르면 물체의 무늬가 나와요.

데칼코마니

데칼코마니는 종이에 그림 물감을 바른 후 반으로 접거나 다른 종이로 눌러 문지른 후 떼어 내어 신기한 형태의 무늬를 만들어 내는 기법이에요. 반으로 접었다가 펼치면 대칭 효과가 나타나요.

스크래치

밝은색 크레파스나 색연필로 칠한 다음 어두운 색으로 덧칠하고 송곳이나 뾰족한 물체로 긁어서 바탕색이 나오게 하는 기법이에요. 바탕색을 여러 색으로 칠하면 긁었을 때 더 화려해 보여요.

주변 사물로 만든 꽃병 판화

주변에 있는 다양한 재료에 직접 물감을 묻혀 찍는 방법으로도 멋진 그림을 완성할 수 있어요. 이런 기법을 볼록 판화라고 하는데요. 재료의 특징에 따라 느낌이 달라지기 때문에 다양한 연출이 가능해요. 이 과정에서 직판화가 무엇인지 표현 원리를 경험하고 판화의 재미를 느낄 수 있어요.

★ 준비물 ★
색지(검은색), 면봉, 고무줄,
과일망, 아크릴 물감,
물, 종이 팔레트,
색연필(연두색)

판화의 특징을 알아보고 일상 속 다양한 재료로 무늬를 찍어 보는 시간이에요. 다음 대화를 통해 놀이에 대한 흥미를 유도해 주세요.

- "똑같은 무늬를 여러 장 만드는 방법에는 무엇이 있을까?"
- "무늬를 찍어 보고 싶은 재료가 있니? 어떤 모양이 나올까?"

창의력
쑥쑥 활동

재료마다 무늬가 달라요. 다음은 무슨 재료의 무늬가 찍힌 것인지 연결해 보세요.

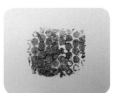

만들어 볼까요

❶ 면봉을 여러 개 겹쳐 고무줄로 묶어 놓아요.

❷ 종이 팔레트 위에 노란색 아크릴 물감을 충분히 짠 뒤, 과일망을 얹어 물감을 묻혀요.

❸ 검은색 색지에 물감을 묻힌 과일망을 눌러서 찍어요.

❹ 하얀색, 파란색 등 여러 색의 아크릴 물감을 면봉 도장에 묻혀요.

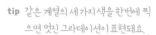

tip 같은 계열의 세 가지 색을 한번에 찍으면 멋진 그라데이션이 표현돼요.

❺ 면봉 도장을 노란색 위에 찍어 수국을 표현해요.

❻ 면봉 하나에 분홍색 아크릴 물감을 찍어 라벤더를 표현해요.

❼ 수국 사이사이에 라벤더를 여러 송이 찍어요.

❽ 연두색 색연필로 줄기를 그려요. 굵은 줄기, 얇은 줄기를 다양하게 그려서 완성해요.

그라데이션 표현을 할 때는 비슷한 계열의 색을 혼합해야 자연스러워요. 다음은 예시예요.

흰색, 노랑, 주황, 빨강　　　흰색, 노랑, 연두, 초록　　　흰색, 파랑, 보라

좌우가 바뀌어요! 우드록 판화

판화를 만든다고 하면, 제작이 힘들 것 같은 생각이 먼저 드는데요. 우드록을 이용해서 간단하게 볼록 판화를 만들 수 있어요. 판화는 중·고등학교 미술 이론 부분에서 가장 시험에 많이 출제되는 내용인데요. 우드록 판화를 해보면서 볼록 판화의 특징을 쉽고 재밌게 배울 수 있어요.

★ 준비물 ★
밑그림, 도화지, 컬러 우드록,
유리테이프, 송곳(또는 연필),
붓(또는 롤러), 물,
수채화 물감

'찍어서 표현해요' 단원은 판화의 특징을 알아보고 표현해 보는 시간이에요. 판화 작품을 감상하고 직접 만들어 보는 활동을 하지요. 만들기를 하기 전에 아이와 주제와 관련하여 대화를 나눠 보세요.

- "판화는 도장처럼 찍을 수 있으니, 좋아하는 걸로 모양을 만들어 보자. 무엇이 좋을까?"
- "너무 얕게 파면 그림이 제대로 안 찍혀. 그럴 때는 어떻게 하면 좋을까?"
- "판화의 색을 바꿔 찍을 수 있을까?"

판화란 돌, 나무, 금속 등의 판에 형상을 낸 뒤 잉크를 바른 후 종이에 찍어 내는 형식의 그림이에요. 찍어 내는 그림이기 때문에 그림의 좌우가 바뀐다는 특징이 있어요. 지우개 도장을 만들 때도 이를 고려하여 이름을 좌우로 바꿔서 제작해야 하는데요. 내 이름으로 지우개 도장을 만든다면 어떻게 새겨야 할까요? 다음 공간에 적어 보세요.

만들어 볼까요

❶ 판화에 새길 밑그림과 우드록을
준비해요.

❷ 사진을 우드록에 유리테이프로
고정시킨 후 송곳이나 연필로 큰
형태에서 작은 형태 순으로 새기
듯이 그려요.

tip 우드록은 연필을 사용해도 충분히
잘 그려지지만 좀 더 자세한 표현
을 하고 싶을 때는 송곳을 이용해
요. 단 송곳은 위험하니 항상 조심
해야 해요.

❸ 다 그린 후 밑그림을 제거하고 그
린 그림과 비교해요.

그림이
좌우 바뀐 것을
확인할 수 있어요.

❹ 미흡한 부분이 있으면 더 그려서
마무리해요.

❺ 판화본 전체에 물감을 묻힌 뒤 붓
으로 칠해요.

tip 진한 물감으로 색칠해야 색이 선
명하게 찍혀요. 색이 선명하지 않
을 때는 물티슈로 판을 닦아 낸 뒤
다시 발라서 찍어 보세요.

❻ 색칠된 판화본에 도화지를 올리
고 골고루 문지른 뒤 떼어 내면
완성돼요.

209

뭉크의 〈절규〉가
판화로 있다고요?

〈절규〉로 유명한 화가 에드바르트 뭉크는 판화로도 유명해요.

〈절규〉 판화 버전

〈절규〉는 한 남자가 다리 위를 지나가다 공포에 비명을 지르는 듯한 모습을 그린 그림이에요. 어느 날 다리 위를 지나던 뭉크는 노을의 주황빛이 핏빛으로 바뀌는 순간 갑자기 극심한 공포와 불안을 느꼈다고 해요. 그 경험을 토대로 그린 그림이 〈절규〉인데요. 그 뒤 뭉크는 그림과 판화 등 다양한 매체로 50점 넘게 이 작품을 제작하는 등 많은 애착을 보였어요.

사실 뭉크는 화가 작업으로는 먹고살기 힘들어서 판화 작업에 뛰어들었다고 해요. 판화는 작품을 동시에 많이 만들 수 있기 때문이지요. 물론 많이 찍을수록 희소가치가 낮아져서 가격 결정에 영향을 미쳐요. 그런데 판화는 어떻게 진품인지 알 수 있을까요? 바로 자신이 찍은 판화에 서명과 일련번호를 써서 표시한답니다. 이것을 에디션 넘버라고 해요.

1/20이란 숫자가 적혀 있다면 20개의 작품을 찍었는데, 이것은 그중 첫 번째로 찍은 작품이라는 뜻이에요. 그리고 판화의 서명과 일련번호는 내구성과 위조 문제로 모두 연필로 기입해요.

상상해요! 사물 일러스트

어떤 재료를 보고 다른 사물을 연상해 본 적이 있나요? 길 가다 주운 나뭇잎을 보고 우산이나 부채를 떠올렸다면, 그게 바로 연상이랍니다. 친숙한 사물일지라도 약간의 상상을 더하면 멋진 작품이 완성돼요. 이것을 사물 일러스트라고 해요. 한번 해볼까요?

★ 준비물 ★
실타래, 네임펜, 연필,
색연필, 도화지, 풀,
양면테이프

211

창의·융합 자기 주도적 미술 학습 코너예요. 특정 재료를 정한 후 이 재료를 이용해서 만들 수 있는 걸 연상하고 표현해 보는 시간이 에요. 다음 대화를 통해 아이의 상상을 이끌어 주세요.

- "저번에 본 구름이 꼭 토끼 같았지? 오늘 구름은 어떤 모양인지 볼까?"
- "은행잎을 보면 어떤 것이 떠오르니?"

주변에 있는 물건들을 관찰한 뒤 자유롭게 상상해 보는 놀이를 통해 창의력을 키울 수 있어요. 대화를 통해 아이디어를 이끌어 주면 좋아요. 떠올린 상상을 복잡하지 않게 단순하게 표현하는 것이 사물 일러스트의 핵심이에요.

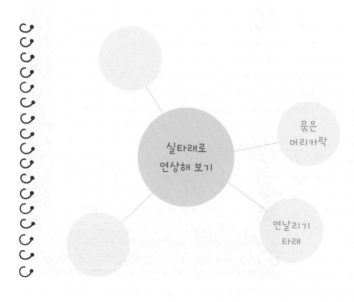

① 실타래를 보고 다른 사물을 연상
해요.

② 연을 사용하는 연날리기를 떠올
렸어요. 도화지에 실타래를 올려
서 화면을 구성해요.

③ 연날리기를 떠올렸다면, 적절한
위치에 연을 스케치해요.

④ 스케치한 연을 네임펜으로 선을
따라 그린 뒤 색연필로 색칠해요.

tip 음영을 표현하면 더욱 입체적인 느
낌을 줄 수 있어요.

⑤ 실은 풀로 고정하고 실타래는 양
면테이프로 붙여요.

사물 일러스트는 사물과 일러스트의 재치 있는 만남이라고 할 수 있어요. 상상력이 추가되면서 일상에서 흔히 보는 사물이 재미난 작품이 돼요. 늘 보는 사물일지라도 새로운 시선으로 관찰해 보세요. 그리고 사물의 특징에 재미있는 발상을 덧붙여 보세요. 다음은 집게를 이용해 만든 악어예요. 울퉁불퉁 집게 모양에서 딱딱한 악어 이빨이 연상되어 만들었어요.

나는야 디자이너! 머리띠 만들기

디자인이란 쓸모와 아름다움을 생각하고 거기에 재미있는 상상을 덧붙이는 것을 말해요. 멋지면서도 독창적이고 유용한 제품을 만들어 내는 사람을 디자이너라고 하지요. 멋진 디자이너가 되어서 나만의 머리띠를 만들어 보세요.

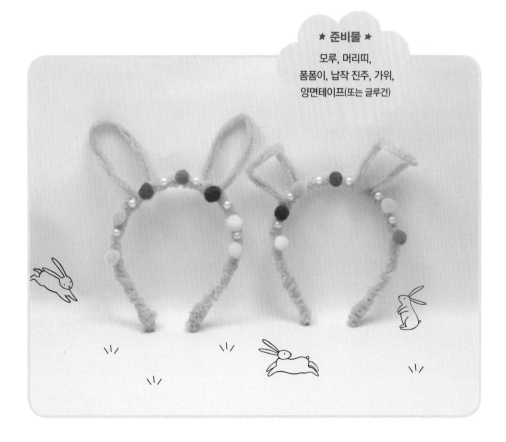

★ 준비물 ★
모루, 머리띠,
폼폼이, 납작 진주, 가위,
양면테이프(또는 글루건)

'나는야, 디자이너' 단원은 디자인에 대해 알아본 뒤 이를 바탕으로 장신구를 만들어 보는 시간이에요. 만들기를 하기 전에 주제와 관련하여 대화를 나눠 보세요.

- "디자이너는 내 마음에만 들면 안 되고 다른 사람들이 봐도 좋은 물건을 만들어야 해. 어떤 장신구를 만들면 좋을까?"
- "사람들은 어떤 모양을 좋아할까?"

디자이너가 되어 보는 시간이에요. 보기에만 좋아서는 안 돼요. 쓸모, 편리성도 고려해서 장신구를 만들어야 해요. 내가 만들고 싶은 장신구를 간략하게 스케치하며 아이디어를 구상해 보세요.

❶ 머리띠 뼈대와 굵은 모루를 준비
해요.

tip 낡거나 유행이 지난 머리띠를 이
용해서 만들어요.

❷ 머리띠 뼈대를 굵은 모루로 한쪽
끝에서부터 감아요

❸ 반대편 끝까지 꼼꼼하게 모루를
감아요.

❹ 전체적으로 꼼꼼히 감았는지 확
인해요.

❺ 모루로 토끼 귀 모양을 만들어요.

tip 리본 모양으로 만들어도 예뻐요.

❻ 가위로 남은 모루를 잘라서 정리
해요.

❼ 모루로 나머지 토끼 귀도 만든 뒤,
남은 모루를 정리해서 잘라요.

❽ 가운데를 중심으로 폼폼이를 양
면테이프로 붙여 장식해요.

❾ 폼폼이 사이사이에 납작 진주를
양면테이프로 붙여서 완성해요.

마음을 선물해요! 전등갓 만들기

한지와 펜, LED 초만 있으면 멋진 전등갓을 만들어 고마운 분들에게 선물할 수 있어요. 얼핏 전등갓 만들기라고 하면 어렵게 느껴질테지만, 막상 해보면 쉽고 재밌어 금방 빠져들 거예요. 선물 받을 사람이 누구인지에 따라 문구와 그림도 다양하게 바꿔 만들어 보세요.

★ 준비물 ★

한지, 투명 통(또는 유리컵),
LED 초, 붓펜, 세필붓,
수채화 물감, 팔레트, 물통

'나는야, 디자이너' 단원은 디자인에 대해 배운 후 디자인에서 중요한 요소인 쓸모와 아름다움을 고려하여 고마운 사람에게 선물을 만들어 보는 시간이에요. 만들기를 하기 전에 다음의 대화를 나눠 보세요.

- "선물하고 싶은 고마운 사람이 있니?"
- "그 사람에게 필요한 물건은 무엇일까? 어떤 선물을 주면 좋아할까?"

창의력
쑥쑥 활동

집에 재료가 없으면 만들기를 포기하는 경우가 많은데요. 이때 대체할 만한 다른 재료를 찾아 만들기를 하면, 응용력을 기를 수 있어요. 예를 들면 갓 역할을 해줄 동그란 투명 통이 없을 때는 집에 있는 유리컵(왼쪽 사진)이나 다 쓴 플라스틱 컵(오른쪽 사진)을 이용해서 만들 수 있어요.

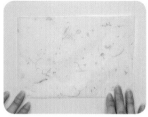

① 은은한 무늬의 한지를 투명 통 크 기에 맞춰 준비해요.

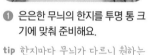

tip 한지마다 무늬가 다르니 원하는 분위기의 무늬를 선택해요.

② 붓펜을 이용해서 원하는 문구를 예쁘게 써요.

③ 수채화 물감을 묻혀 세필붓으로 카네이션꽃을 작게 그려요.

④ 투명 통에 장식한 한지를 넣어요.

⑤ 다양한 색의 LED 초를 준비해요.

⑥ 그중에서 한지와 어울리는 색의 LED 초를 선택해요.

⑦ 한지를 넣은 통에 LED 초를 켜서 넣어요.

⑧ 멋진 한지 전등이 완성됐어요.

tip 선물할 때는 작은 리본으로 포장 하거나 간단한 카드를 함께 준비 하면 더욱 좋아요.

나만의 작품 정보 카드 만들기

미술 교육 과정에서 중요하게 여기는 것 중의 하나가 '감상'이에요. 그림을 표현하는 것만큼 작품을 이해하고 감상하는 것이 예술적 심미안을 키우는 데 매우 중요하기 때문인데요. 소개하고 싶은 미술 작품이나 미술가에 대해서 조사하고, 작품 정보 카드를 만드는 작업은 앞으로 다양한 분야의 미술 작품을 감상하는 데 흥미를 갖게 해주는 아주 좋은 활동이에요. 작품의 특징을 살려 만들면 기억에도 오래 남아요. 나만의 독특한 작품 정보 카드를 한번 만들어 보세요.

★ 준비물 ★

색지(흰색, 검은색, 노란색), 색연필,
병뚜껑, 색 종이컵,
고흐의 〈별이 빛나는 밤〉 그림,
종이 빨대, 흰색 펜, 가위, 풀,
마스킹테이프, 유리테이프

'미술가와 작품 이야기' 단원은 미술가와 미술 작품에 관심을 갖고, 다양한 분야의 작품을 만나 보는 시간이에요. 만들기를 하기 전에 주제와 관련하여 대화를 나눠 도울 수 있어요.

- "지금껏 보았던 그림 중에 가장 기억에 남는 그림이 있니?"
- "어디에서 봤어? 왜 인상적이었어?"

작품 정보 카드는 작품의 특징만 짧게 소개해도 되지만, 작품이나 미술가에 대해 알게 된 재밌는 이야기를 소개해도 돼요. 또 퀴즈를 통해 작품이나 화가를 소개하거나, 미술가에게 보내는 엽서 형식을 통해 작품을 소개할 수도 있어요.

퀴즈 예)
- 나는 누구일까요?
- 나는 그림 그리는 것을 좋아해요. 후기 인상파에서 유명한 화가예요. 나는 밤 풍경을 그리는 것을 좋아해요. 나는 해바라기꽃 그림을 많이 그렸어요.

만들어 볼까요

❶ 작품을 흰색 색지에 붙인 후 작품보다 가로세로 0.5cm 정도 더 큰 사각형을 그려요.

❷ 그린 선을 따라 오리면 액자 그림이 완성돼요.

❸ 작품을 소개할 도안을 구상하여 검은색 색지에 스케치해요.

tip 명화의 형태나 색의 특징을 살려 작품 소개 도안을 만들면 작품에 대한 자기만의 시각을 창의적으로 표현할 수 있어요.

❹ 색연필로 스케치를 따라 선을 그려요.

❺ 그린 선을 따라 잘 오려요.

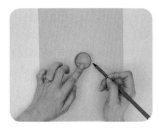

❻ 노란색 색지에 병뚜껑을 이용해서 동그라미를 그려요.

❼ 동그라미를 오린 뒤 잘라 놓은 검은색 색지에 붙여요.

❽ 윗부분에 작품을 붙여요.

❾ 노란색 동그라미 부분에 네임펜으로 작품 이름을 써요.

tip 장식을 너무 많이 하면 가독성이 떨어지니 주의하세요.

⑩ 노란색 동그라미 부분을 색연필로 꾸며요.

⑪ 작품 설명을 검은색 색지 위에 흰색 펜으로 적어요.

tip 꼭 들어가야 하는 작품 이름, 그린 사람, 제작 연도 등을 꼼꼼히 적었는지 확인해요.

⑫ 종이 빨대와 파란색 마스킹테이프를 준비해요.

⑬ 종이 빨대를 파란색 마스킹테이프로 감아요.

tip 그림과 어울리는 색 빨대가 있으면 그대로 사용해도 좋아요.

⑭ 작품 설명 종이에 유리테이프로 빨대를 붙여요.

⑮ 종이컵 바닥에 가위로 구멍을 만들어요.

tip 작품이 잘 세워지지 않을 때는 빨대 끝에 클레이를 붙여 주세요. 받침의 무게가 무거워져서 잘 세워져요.

⑯ 빨대를 붙인 작품 설명 종이를 구멍에 끼워 세우면 완성돼요.

뾰족뾰족 복어 만들기

상상은 갇혀 있던 생각을 자유롭게 해주고 심심한 일상을 즐겁게 만들어 준답니다. 잠깐 일상에서 벗어나서 재미있는 상상의 동물 나라로 떠나 보세요. 그리고 여러 가지 재료를 활용해서 상상 속 동물을 표현해 보세요. 벌집 종이는 다양한 모양으로 변형할 수 있어서 상상 속 동물을 표현하는 데 좋아요.

★ 준비물 ★
벌집 종이(노란색, 하늘색), 도화지,
색 나무 막대, 색 빨대, 모루,
작은 플라스틱 소스 통,
눈 모양 입체스티커, 가위,
양면테이프, 풀

교과서
엿보기

'상상이 꿈틀' 단원은 자유롭게 상상한 뒤 다양한 재료와 방법으로 표현해 보는 시간이에요. 상상 속 동물 특징을 살려서 만들어 보세요. 만들기를 하기 전에 다음 대화를 나눠 상상을 도와주세요.

- "상상 속 동물에는 용이나 봉황이 있어. 만화나 신화에서 본 동물 중에서 표현해 보고 싶은 동물이 있니?"
- "나만의 동물 친구가 생긴다면 어떤 모습의 동물이면 좋을 것 같아?"
- "그 동물의 특징은 어때? 어떤 재료로 표현할 수 있을까?"

창의력
쑥쑥 활동

아이디어가 생각 나지 않을 때는 6가지 아이디어 발상법을 참고해 창의적인 발상을 이끌어 낼 수 있어요. 아이디어 발상법에는 상상하기, 변형하기, 단순화하기, 크기 바꾸기, 결합시키기, 이동시키기 등이 있어요. 복어 만들기는 결합시키기 기법을 활용했어요.

- 이동시키기 – 대상을 새로운 상황이나 장소에 가져다 놓아서 새롭게 표현
- 상상하기 – 주제에 맞게 떠오른 생각을 상상해서 표현
- 변형하기 – 크기나 모양을 늘이거나 줄여서 형태를 바꿔 표현
- 단순화하기 – 복잡하게 표현되었다면 최대한 간단하게 표현
- 크기 바꾸기 – 크거나 작게 만들어서 새로운 느낌으로 표현
- 결합시키기 – 새로운 대상과 연결시켜 표현

만들어 볼까요

❶ 도화지를 준비해요.

❷ 도화지에 큰 반원과 작은 반원을 그려요.

❸ 반원과 작은 반원 모양을 따라 오려요.

❹ 노란색 벌집 종이 위에 도화지로 만든 반원을 대고 2개 그려요.

❺ 반원 모양을 따라 오려요.

❻ 반원 한쪽 면에 풀을 발라 2개를 서로 붙여요.

❼ 붙여 준 반원을 펼쳐요.

❽ 작은 플라스틱 소스 통의 바닥에 양면테이프를 붙여요.

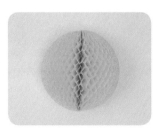

❾ 바닥에 붙인 양면테이프 위에 펼친 반원을 붙여요.

⑩ 하늘색 벌집 종이에 도화지로 만든 작은 반원을 대고 4개를 그려요.

⑪ 반원 모양을 따라 오려요.

⑫ 반원 한쪽 면에 풀을 칠해요.

⑬ 양쪽 면을 붙여서 공 2개를 만들어요.

⑭ 모루를 펜에 감았다 빼내 용수철 모양으로 만들어요.

⑮ 용수철 모양의 모루 끝에 눈 모양 입체스티커를 각각 붙여요.

⑯ 여러 색깔의 빨대를 검지 손가락 길이로 잘라서 준비해요.

⑰ 하늘색 공에 색 나무 막대를 꽂아요.

⑱ 노란색 반원 위에 용수철 눈과 하늘색 공을 꽂아요.

228

 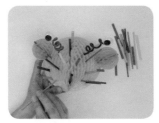

⑲ 여러 색깔 빨대를 군데군데 꽂아
장식해요.

⑳ 색 나무 막대를 다양하게 빈 곳에
꽂아 장식해요.

tip 여러 가지 색깔의 나무 막대와 빨
대를 엇갈리게 꽂아 주면 알록달
록해서 더 예뻐요.

사지 말고 만들어요! 꽃

꽃은 모양도 아름답고 향도 좋아 보고만 있어도 기분이 즐거워져요. 그래서 결혼식, 돌잔치와 같은 행사장이나 졸업식, 수상식 등 축하와 마음을 표현해야 하는 장소에는 늘 꽃이 있어요. 쉽게 구할 수 있는 종이로 시들지 않는 꽃을 만들어 고마운 사람에게 선물해 보거나 집을 꾸며 보세요. 처음에는 만들기가 손에 익지 않아서 어렵지만 몇 번 만들어 보면 금방 멋진 꽃을 만들 수 있답니다.

★ 준비물 ★

주름지, 한지, 꽃 철사,
빨대, 핑킹 가위, 공예용 철사,
꽃 테이프, 양면테이프,
가위, 연필, 풀

'꽃이 있는 생활' 단원은 다양한 방법으로 꽃을 만들어 생활에 활용해 보는 시간이에요. 만들기를 하기 전에 다음 대화를 나눠 활동의 흥미를 높일 수 있어요.

- "꽃마다 꽃말이란 게 있어. 꽃의 특징에 따라 의미를 정한 것인데, 장미는 꽃말이 뭘까?"
- "꽃은 금방 시들어서 안타까워. 시들지 않는 꽃을 만드는 방법에는 무엇이 있을까?"

꽃 만들기를 할 때는 꽃의 느낌을 살려 줄 종이를 선택하는 것이 중요해요. 주름지는 잘 늘어나고 모양을 자유자재로 만들 수 있어요. 한지는 수명이 길고 질기며 색상이 곱지요. 다음은 미술 활동에 자주 쓰는 종이의 특징이에요. 이 특징을 알아두면 만들기 할 때 도움이 돼요.

- 두껍고 빳빳한 종이가 필요할 때 – 색지, 색 마분지
- 얇고 부드러운 종이가 필요할 때 – 화장지, 화선지, 습자지
- 포인트 종이가 필요할 때 – 도일리 페이퍼, 유산지, 타공지(구멍이 뚫려 있는 종이)

만들어 볼까요

{ 주름지로 카네이션 만들기 }

❶ 주름지를 5cm 정도의 폭으로 길게 잘라요.

❷ 위쪽을 핑킹 가위로 잘라요.

❸ 주름지를 3등분 한 뒤 가위로 잘라요.

❹ 주름지를 윗부분만 쭉 늘려 부채꼴 모양으로 펼쳐요.

❺ 주름지를 2번 접은 다음 아랫부분을 2cm 정도 남기고 촘촘하게 가위로 잘라요.

❻ 나머지 2개도 촘촘하게 가위로 잘라요.

❼ 꽃 철사의 윗부분을 1cm 정도 꺾어서 U자 모양을 만든 뒤 주름지 끝부분에 올려요.

❽ 주름지로 꽃 철사를 돌돌 말아 준 뒤, 이어서 나머지 주름지 2개도 돌돌 말아요.

❾ 철사와 꽃 부분의 경계에 꽃 테이프를 감아 꽃받침을 만들어요.

⑩ 천천히 꽃 철사를 타고 내려오며 줄기 부분을 감아요.

⑪ 꼼꼼하게 전체를 감아요.

⑫ 손으로 하나씩 꽃잎을 펼쳐요.

⑬ 펼쳐져 있지 않은 꽃잎이 없는지 꼼꼼히 확인해요.

⑭ 포장을 해서 완성해요.

{ 한지로 꽃 만들기 }

❶ 한지를 색깔별로 가로 16cm, 세로 11cm인 직사각형 모양으로 잘라 준비해요.

❷ 한지 위에 연필을 올려 둔 후 느슨하게 돌돌 말아요.

tip 느슨하게 말아야 주름이 잘 생겨요.

❸ 끝부분을 풀로 붙여요.

④ 위에서 아래로 손으로 꾹 눌러 빼면 주름 막대가 완성돼요.

⑤ 똑같은 방법으로 나머지 한지를 주름 막대로 만들어요.

⑥ 만들어 놓은 주름 막대를 엑스 자 모양으로 겹겹이 포개요.

⑦ 포갠 주름 막대를 공예용 철사로 묶어서 고정해요.

⑧ 공예용 철사를 니퍼로 빨대 길이 만큼 잘라요.

tip 가위로 잘라도 돼요.

⑨ 철사를 빨대에 넣어요.

⑩ 주름 막대 꽃이 완성돼요.

한지 꽃을 여러 개 만들어서 꽃다발을 만들 수 있어요. 또 주름지 카네이션을 여러
개 만들어 꽃바구니를 만들 수도 있어요. 장식용으로도, 선물용으로도 좋아요.

달 꽃병 만들기

종이 꽃병 만들기는 직접 무늬와 색깔을 선택하고 모양을 디자인해서 만들 수 있는 장점이 있어요. 종이를 이용하기 때문에 누구나 쉽게 만들 수 있어 아이들도 너무나 좋아하는 만들기예요.

★ 준비물 ★
색지(검은색, 노란색, 녹색),
컴퍼스, 스테이플러,
가위, 작은 페트병,
별 모양 스티커

교과서 엿보기

'꽃이 있는 생활' 단원 중 종이꽃과 어울리는 꽃병을 만들어 보는 활동이에요. 나만의 꽃병을 만들어 볼 수 있도록 아이와 다음 대화를 나눠 보세요.

- "꽃병 중에 가장 인상적이었거나 마음에 드는 디자인이 있니?"
- "꽃병은 어떤 무늬와 색이 어울릴까? 물방울무늬?"

창의력 쑥쑥 활동

다음은 강한 명암 대비가 특징인 프란시스코 데 수르바란 작가의 〈찻잔과 꽃병들〉 작품이에요. 어두운 벽을 배경으로 단정하게 배치되어 있는 꽃병들을 볼 수 있어요. 다음 꽃병 모양을 참고하여 꽃병 디자인을 구상해 보세요.

〈찻잔과 꽃병들〉

① 검은색 색지를 반으로 접어요.

② 꽃병을 작은 페트병 사이즈로 스케치해요.

tip 꽃병 모양은 중심을 기준으로 좌우 대칭이 되어야 돼요!

③ 스케치한 꽃병을 오려요.

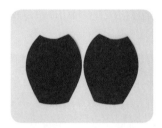

④ 똑같은 두 개의 꽃병 모양이 완성돼요.

⑤ 노란색 색지에 컴퍼스로 작게 원을 그려요.

⑥ 그린 원을 이용해서 초승달을 그려요.

⑦ 그린 초승달을 오려요.

⑧ 꽃병 크기에 맞춰 녹색 색지에 산 모양을 그린 뒤 오려 주세요.

⑨ 초승달과 산 모양을 꽃병 몸통에 풀로 붙여요.

⑩ 다양한 크기의 별 모양 스티커로 꾸며요.

⑪ 장식한 꽃병과 장식하지 않은 검은색 꽃병을 겹쳐 안쪽으로 0.5cm 위치에 스테이플러로 고정시켜요.

tip 맨 위와 아래는 페트병을 넣기 위해 한마디 정도 남겨 놓아요.

⑫ 페트병을 넣어요.

⑬ 주름 잡힌 곳은 없는지 살피며 형태를 잘 펴요.

⑭ 페트병을 넣은 상태로 위아래 남겨 둔 부분을 스테이플러로 고정시켜요.

⑮ 종이 꽃병에 종이꽃을 넣어요.

tip 꽃이 무거워서 쓰러질 수 있어요. 그때는 페트병에 조약돌 같은 작지만 무거운 물체를 넣으면 쓰러지지 않아요.

⑯ 종이꽃을 보기 좋게 정돈하면 완성되어요.

손가락 동물원에 어서 오세요!

손가락 끝을 자세히 살펴보면 자글자글한 선이 만든 재미있는 무늬가 있어요. 이 무늬를 지문이라고 하는데요. 사람마다 그 모양이 달라요. 손가락 도장을 찍어 멋진 동물 그림을 만들어 보세요. 손가락 도장은 크기가 다른 다섯 손가락을 이용해서 다양하게 표현할 수 있어요. 예를 들면 가장 큰 타원형이 필요할 때는 엄지손가락을 이용하고, 가장 작은 원이 필요할 때는 새끼손가락을 이용해요. 몇 가지 동물 그림을 따라 해보면 다른 동물들도 쉽게 표현할 수 있어요.

★ 준비물 ★
스탬프 잉크(또는 물감),
물티슈, 도화지, 네임펜,
색연필

'선·형·색의 만남' 단원은 선, 형, 색의 의미를 알고 이를 활용하여 다양하게 표현하는 창의·융합 놀이 활동을 해요. 놀이를 하기 전에 아이와 주제와 관련된 대화를 나눠 보세요. 놀이의 흥미를 높이고 학습을 도울 수 있어요.

- "엄마 지문이랑 ○○ 지문 모양이 같을까? 한번 비교해 볼까?"
- "손가락 도장은 선, 형, 색 중에 어디에 해당할까?"
- "손가락 도장으로 만들어 보고 싶은 게 있니?"

창의력 쑥쑥 활동

종잇조각을 이용하면 더욱 다양한 무늬를 만들 수 있어요. 다음 사진처럼 종잇조각을 사용하여 손가락 도장을 찍으면 어떤 모양이 나올지 추측하여 선을 이어 보세요.

만들어 볼까요

{ 쥐 그리기 }

동물의 특징을
살려 최대한
단순하게 표현해요.

❶ 엄지손가락에 스탬프 잉크를 묻
힌 후 가로로 찍어요.

❷ 네임펜으로 쥐 얼굴을 그려요.

❸ 꼬리를 그려 넣으면 완성이에요.

{ 양 그리기 }

❶ 엄지손가락에 스탬프 잉크를 묻
힌 후 꽃처럼 여러 방향으로 돌려
가며 찍어요.

tip 물티슈에 손가락을 닦아 가면서
찍으면 도화지에 색이 얼룩덜룩 묻
는 걸 막을 수 있어요.

❷ 꽃 모양으로 잘 완성되었는지 확
인해요.

❸ 네임펜으로 양 얼굴과 발을 그려
넣으면 완성이에요.

❶ 엄지손가락에 스탬프를 묻힌 후
가로로 찍어요.

❷ 엄지손가락에 스탬프 잉크를 묻
힌 후 가로 모양 아래에 세로로
찍어요.

❸ 새끼손가락에 스탬프 잉크를 묻
힌 후, 가로 모양 양옆에 작게 찍
어서 귀 모양을 만들어요.

❹ 네임펜으로 눈, 코, 입, 발을 그려
넣어요.

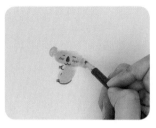

❺ 색연필로 볼 터치를 그려 주면 완
성이에요.

다양한
손가락 동물
완성!

플러스 활동

손가락 도장으로 예시처럼 다양한 동물을 만들 수 있어요.

〈새〉

〈사슴〉

〈오리〉

표정이 바뀌는 종이컵 인형

보기만 해도 깜찍한 인형! 표정까지 바뀌는 인형이 있다면, 더 신기하고 재미있을 것 같아요. 종이컵 2개로 표정이 바뀌는 인형을 만들 수 있어요. 눈 모양만 달라져도 표정이 다채롭게 느껴져요. 원리를 파악하면 입 모양도 변하게 만들 수 있어요. 다양하게 응용하여 창의적인 만들기를 해보세요.

★ 준비물 ★
색 종이컵 2개(같은 크기의 종이컵),
칼(또는 가위), 색연필, 네임펜,
연필, 리본, 색종이, 수정액, 풀

교과서
엿보기

창의·융합 놀이터 코너로, 종이컵을 재활용해서 요리조리 눈을 돌리는 인형을 만들어 보는 시간이에요. 내가 좋아하는 사람이나 동물의 표정을 떠올려 나만의 특별한 인형을 만들 수 있답니다. 만들기 하기 전에 아이와 주제와 관련한 대화를 나눠 흥미를 북돋워 주세요.

- "어떻게 표정이 바뀌는 걸까?"
- "어떤 표정으로 꾸미면 좋을까?"

창의력
쑥쑥 활동

고양이 인형을 예시로 보여 주고 있지만, 다른 동물이나 사람도 좋아요. 자유롭게 만들어 보세요.

예) 고양이, 토끼, 호랑이, 강아지, 돼지, 쥐 등 여러 가지 동물
   동생, 언니, 선생님, 경찰관 등 다양한 사람

❶ 주황색 종이컵 위에 가로로 긴 눈을 그려요.

❷ 눈을 그린 부분을 칼로 잘라요.

tip 큰 종이컵은 가위로 잘라도 됩니다.

❸ 잘라 낸 눈 모양이 어색하지 않도록 다듬어 주세요.

❹ 눈 모양을 자른 주황색 종이컵 안에 녹색 종이컵을 넣어요.

❺ 종이컵 2개를 겹친 뒤, 두 눈 양끝에 점을 찍어 표시해요.

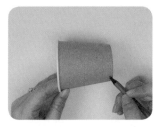

❻ 주황색 종이컵을 뺀 뒤, 표시된 점을 기준으로 연필로 종이컵 둘레를 따라 곡선을 그려요.

❼ 연필로 그린 선을 따라 네임펜으로 다시 선을 그린 뒤 눈동자 길 안에 다양한 무늬를 그려요.

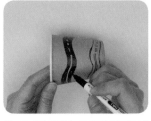

❽ 무늬를 피해 눈동자 길 안쪽을 네임펜으로 색칠해요.

tip 눈동자 길의 모양과 색이 다양할수록 표정이 풍부해져요.

❾ 네임펜으로 꼼꼼히 색칠해요.

❿ 눈동자 길에 그려 넣은 무늬를 색
연필로 색칠해요.

⓫ 수정액을 이용해서 눈동자 길에
하이라이트를 만들어요.

⓬ 주황색 종이컵의 눈 모양을 따라
네임펜으로 선을 그려요.

❸ 녹색 종이컵을 겹쳐요.

⓮ 코를 네임펜으로 그린 뒤, 볼 모
양을 색종이를 잘라 붙여요.

tip 원모양의 스티커를 붙여도 좋아요.

⓯ 검은색 색종이로 수염을 만들어
서 붙여요.

⓰ 색종이에 고양이 귀를 그려요.

⓱ 고양이 귀를 오린 후 붙여요.

⓲ 리본을 단 후 녹색 종이컵을 움직
여 눈동자가 다양하게 움직이는
지 확인해요.

눈동자 길 안에 들어가는 무늬가 다양할수록 표정이 풍부한 인형이 돼요.

쉽고 예쁜 팔찌 공예

장신구는 몸을 멋스럽게 치장하는 물건을 말해요. 목걸이나 팔찌를 함으로써 나를 더욱 돋보이게 꾸미고 개성 있게 연출할 수 있어요. 지점토를 이용해서 멋있는 장신구를 만들어 보세요. 하얀색 지점토는 발색이 좋아 말린 후 물감으로 칠하면, 예쁜 색깔이 나와요. 또 모양을 원하는 대로 만들기에도 좋은 재료예요. 문구점에서 핀이나 배지 DIY 제품을 파는데요. 이것을 이용하거나 집에서 못 쓰는 머리핀이나 머리띠를 이용하면 좀 더 쉽게 멋진 장신구를 만들 수 있어요. 장신구 디자이너가 되어 나만의 장신구를 스케치하고 만들어 보세요.

★ 준비물 ★
지점토, 송곳, 네임펜, 수정액,
늘어나는 투명 고무줄
(구멍에 들어갈 수 있는 두께의 고무줄),
아크릴 물감(또는 수채화 물감),
물, 붓, 가위

'쓸모 있게 아름답게' 단원은 공예란 무엇인지 알아보고 생활에 필요한 물건을 만들어 표현해 보는 시간이에요. 만들기 전에 주제와 관련하여 대화를 나눠 공예에 대해 생각해 보는 시간을 가져 보세요.

- "나를 돋보이게 하는 것에는 무엇이 있을까?"
- "장신구를 하면 어떤 점이 좋을까?"

창의력 쑥쑥 활동

공예품은 실용적이면서 아름다운 물품을 말해요. 다음은 우리나라의 전통 공예품이에요. 왼쪽은 나무에 얇은 조개껍데기를 붙여 모양을 내는 '나전칠기' 기법으로 만든 함이고, 오른쪽은 쇠뿔을 얇게 썰어 여러 가지 색으로 칠해서 모양을 내는 '화각공예' 기법으로 만든 함이에요. 정말 우아하고 멋지지요? 우리 조상들은 여기에 무엇을 넣어서 사용했을까요? 어떤 사람들이 사용했을까요? 상상해 보세요.

| 나전칠기 함 | 화각 함 |

❶ 적당량의 지점토를 준비해요.

❷ 지점토 일부를 떼어 내어 동그랗게 구슬 모양으로 만들어요.

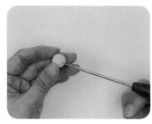

❸ 구슬 모양 가운데를 송곳으로 구멍 내요.

tip 미리 구멍을 만들어 준 후 말려야 해요.

❹ 구슬 모양 지점토를 송곳으로 찔러 무늬를 만들어요.

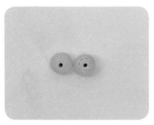

❺ 무늬를 넣은 지점토의 가운데를 송곳으로 구멍 내요.

❻ 지점토를 적당량 떼어 내서 네모 모양으로 만들어요. 서로 다른 크기로 여러 개 만들어요.

❼ 네모 모양 가운데를 송곳으로 구멍 내요.

❽ 지점토를 적당량 떼어 내서 세모 모양으로 만들어요. 서로 다른 크기로 여러 개 만들어요.

❾ 세모 모양 가운데를 송곳으로 구멍 내요.

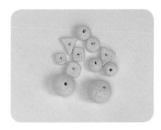

⑩ 여러 모양의 구슬을 크기별로 다양하게 만들어요.

⑪ 하트, 별, 꽃처럼 포인트 모양은 크게 만들어 양옆을 송곳으로 구멍 내요. 지금까지 만든 구슬들을 모아 말려요.

tip 그늘에서 충분히 말려야 갈라지지 않아요.

⑫ 다양한 색의 아크릴 물감을 붓으로 하나씩 꼼꼼히 칠해요.

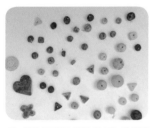

⑬ 색을 꼼꼼히 칠한 뒤 그늘에서 바짝 말려요.

⑭ 수정액을 이용해서 하트와 구슬에 무늬를 그려요.

⑮ 네임펜을 이용해서 구슬에 점무늬를 그려요.

⑯ 구슬에 물감을 적신 붓으로 지그재그 무늬를 그려요.

⑰ 무늬를 그린 후 다시 충분히 말려요.

⑱ 투명 고무줄에 말린 색색의 구슬을 꿰어요.

 ⑲ 가운데 부분에 포인트가 되는 큰 구슬을 꿰어요.

 ⑳ 손목 두께에 맞춰서 구슬을 충분히 꿰었다면 매듭을 지어요.

 ㉑ 매듭을 짓고 남은 고무줄은 가위로 잘라요.

팔찌 완성!

플러스 활동

지점토로 예쁘게 모양을 낸 후 일자 브로치핀에 글루건으로 붙여 주면 멋진 배지가 완성돼요.

수평 원리를 배워요! 흔들개비

흔들개비는 모빌의 우리말이에요. 모빌은 미국의 조각가 알렉산더 콜더에 의해 처음 만들어진 말로, 움직이는 조각을 뜻해요. 크고 작은 조형물을 줄에 매달아 균형을 이루게한 것이에요. 모빌에서 가장 중요한 요소는 바로 균형이에요. 균형을 잘 맞춰야 아름답게 배치할 수 있거든요. 모빌의 수평 원리는 4학년 1학기 과학 '물체의 무게'에서 자세히 배워요. 빙글빙글 흔들개비를 만들어 봄으로써 앞으로 배울 개념을 미리 체험해 볼 수 있어요. 다 만든 뒤, 친구들과 누가 빨리 내려오나 시합도 할 수 있어요. 그럼 한번 만들어 볼까요?

★ 준비물 ★

공예용 철사, 도화지,
클립, 니퍼(또는 가위),
송곳, 딱풀, 색연필

254

창의·융합 놀이터 코너예요. 공예용 철사를 이용하여 흔들개비를 만드는 시간이에요. 만든 흔들개비는 놀잇감으로도 활용할 수 있어요. 만들고 난 후 함께 놀이를 해보세요. 이때 다음 질문을 던지면 과학 원리에 대해 생각해 볼 수 있어요.

- "어떻게 하면 흔들개비가 더 빨리 내려올 수 있을까?"
- "천천히 내려오게 하려면 어떻게 해야 할까?"

어떤 모양을 흔들개비에 걸면 더 재밌는 놀잇감이 될까요? 재밌는 모양을 구상해 보세요. 고양이와 생선, 달리기 경주하는 친구들, 토끼와 거북이, 다람쥐와 밤 등 서로 짝꿍이 되는 모양을 양쪽에 만들어 걸면 더욱 재밌을 거예요.

만들어 볼까요

① 공예용 굵은 철사를 65cm 정도 준비해요.

② 딱풀에 공예용 철사를 돌돌 감아 요.

③ 꼼꼼하게 감아요.

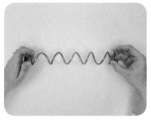

④ 감은 철사를 빼서 살짝 늘려요.

⑤ 철사의 한쪽 끝을 고리 모양으로 구부려요.

⑥ 반대쪽 끝을 살짝 비스듬하게 펴면 철사 길이 완성되어요.

⑦ 공예용 철사를 25cm 정도 준비해요.

⑧ 철사를 구부려서 옷걸이 모양으로 만들어요.

⑨ 양끝을 구부려 고리를 만들어요.

⑩ 좌우 균형이 맞는지 확인해요.

⑪ 도화지에 흔들개비에 붙일 그림을 그린 다음 오려요.

⑫ 송곳으로 구멍을 뚫어 그림에 클립을 달아요.

철사를 살짝 당겨서 늘리면 내려가는 속도가 더 빨라져요.

⑬ 흔들개비에 그림을 달아요.

⑭ 좌우 균형이 맞는지 확인해요.

⑮ 흔들개비를 철사 길에 끼우면 완성이에요.

tip 윗부분을 잡고 있으면 흔들개비가 자연스럽게 내려가요.

플러스 활동

종이컵을 이용해서 바구니를 만들어 흔들개비에 걸 수도 있어요. 굳이 그림을 그리지 않아도 종이컵에 좋아하는 캐릭터 스티커를 붙여 예쁜 바구니를 간단하게 만들 수 있어요.

움직이는 작품! 폴짝폴짝 개구리

폴짝폴짝 개구리는 우유갑으로 간단하게 만들 수 있는 놀잇감이에요. 폴짝 뛰는 재미있는 놀잇감이라 친구들과 시합도 할 수 있고, 선물 상자에 넣어 친구를 깜짝 놀라게 하는 장난을 칠 수도 있답니다. 버리는 우유갑을 깨끗이 씻어 말린 뒤, 한번 만들어 보세요.

★ 준비물 ★

1000ml 우유갑, 색종이, 자, 가위,
칼, 풀, 네임펜, 연필,
양면테이프, 유리테이프, 리본,
눈 모양 입체스티커, 고무줄

창의·융합 놀이터 코너에요. 버리기 아까운 우유갑과 고무줄을 활용해서 재미있는 만들기를 하는 시간이에요. 폴짝폴짝 개구리를 이용해서 누가 더 높이 뛰나 시합도 한번 해보세요.

- "개구리는 정말 점프를 잘해. 또 잘하는 동물이 있을까?"
- "만든 뒤 누가 더 높이 뛰는지 시합을 해볼까?"

폴짝폴짝 개구리는 고무줄의 탄성력을 이용한 만들기로 미술과 과학을 융합한 활동이에요. 1950년 후반부터 미술과 과학이 만난 작품이 많이 만들어졌는데요. 그중 가장 대표적인 미술 사조가 움직이는 조각이란 뜻의 '키네틱 아트'에요. 작품 자체가 움직이거나 작품 안에 움직이는 부분을 넣은 예술 작품을 가리켜요.

테오 얀센 지음 | 이수연 등역
럭스미디어

키네틱 아트의 대표적인 작가로는 테오 얀센이 있어요. 원래 물리학자였던 그는 21세기의 레오나르도 다빈치로 불리는데, 엔진이나 모터 없이 저절로 움직이는 작품을 만들었어요.

아이와 함께 테오 얀센의 작품을 살펴보고 키네틱 아트에 대해 설명해 주세요. 미술과 과학의 만남이 정말 매력적이라는 걸 알게 될 거예요.

만들어 볼까요

❶ 우유갑 1000ml 빈 통을 깨끗이 씻어 말려요.

❷ 우유갑 윗부분을 칼로 잘라 내요.

❸ 우유갑 바닥도 칼로 잘라 내요.

❹ 가위로 거친 부분들을 정리해요.

❺ 전체 길이를 잰 뒤 4등분을 해요.
예)전체 길이 19cm ÷ 4 = 4.8cm

❻ 4등분 한 선을 따라 가위로 잘라요.

❼ 정확하게 4등분이 되었는지 확인해요.

❽ 4등분 한 우유갑을 각각 위아래로 0.5cm씩 가위로 칼집을 내요.

❾ 칼집을 낸 곳에 고무줄을 끼워요.

⑩ 고무줄이 잘 끼워졌는지 확인해요.

⑪ 고무줄을 끼운 우유갑을 모두 유리테이프로 튼튼하게 연결해요.

⑫ 유리테이프로 연결한 부분에서 접히는 부분은 살짝 잘라 줘요.

⑬ 초록색 색종이를 우유갑 크기에 맞춰서 잘라요.

tip 자를 이용해서 길이를 잰 후 잘라서 붙이면 깔끔해요.

⑭ 초록색 계열의 색종이로 각각의 면을 풀로 붙여요.

tip 가장자리는 풀로만 붙이면 떨어질 수 있으니 양면테이프를 이용해서 붙여요.

⑮ 우유갑을 접은 뒤 중간 부분에 고무줄을 끼워요.

⑯ 개구리의 눈, 입, 팔을 그려서 가위로 잘라요.

⑰ 양 볼과 입을 색종이로 만들고 리본과 눈 모양 입체스티커를 준비해요.

⑱ 접은 우유갑의 맨 앞면에 눈을 붙인 후 그 위에 눈 모양 입체스티커를 붙여요.

⑲ 팔, 입, 볼을 붙인 후 양면테이프로 리본까지 붙여 장식하면 완성이에요.

⑳ 가운데 고무줄을 풀면 탄력으로 개구리가 폴짝 튀어 올라요.

플러스 활동

선물 상자에 폴짝폴짝 개구리를 넣어 보세요. 상자를 열면 개구리가 튀어나와 깜짝 놀라게 할 수 있어요.

아빠 곰은 뚱뚱해~ 곰가족 만들기

종이는 우리가 일상생활 속에서 자주 사용하는 필수품이에요. 구하기도 쉽고 원하는 모양을 만들기 용이해 미술 활동을 할 때도 많이 활용해요. 종이로 하는 대표적인 만들기 활동에는 종이접기가 있어요. 우리에게 매우 친숙한 활동이지요. 접지 않고 종이를 말아서도 귀여운 동물을 만들 수 있어요. 엄마 곰, 아빠 곰, 아이 곰, 곰돌이 가족을 만들어 보세요. 저마다 크기를 달리하고 액세서리, 볼 터치 등 꾸밈 요소에 변화를 주면 쉽게 완성도 높은 작품을 만들 수 있어요.

★ 준비물 ★
색지(갈색, 베이지색),
눈 모양 입체스티커, 네임펜,
색종이, 단추 장식,
리본, 풀, 양면테이프

교과서
엿보기

'종이로 만드는 세상' 단원에서는 종이의 쓰임새를 알아보고, 종이로 꾸며 보는 활동을 해요. 만들기를 하기 전에 아이와 대화를 통해 동물의 표정이나 복장 등을 구체적으로 떠올려 보게 하세요. 구체적인 상을 정해 놓고 만들기를 하면 조금 더 생동감 있는 동물 모양을 완성할 수 있어요.

- "종이로 만들고 싶은 동물이 있니?"
- "아기 동물이니? 지금 어떤 기분인 것 같아?"

창의력
쑥쑥 활동

종이로 할 수 있는 만들기 방법은 매우 다양해요. 종이접기, 말기, 찢기, 오리기, 구기기 등이 있어요. 이 방법을 다양하게 사용할수록 창의적인 작품을 만들 수 있어요

사자의 흩날리는 갈퀴
– 종이를 찢어 표현

양의 복슬복슬 몸통
– 종이를 구겨서 표현

만들어 볼까요

① 적당한 크기의 갈색 색지를 원뿔 모양으로 말아요.

② 색지를 풀로 고정시켜요.

tip 풀이 잘 안 붙으면 양면테이프를 이용해서 붙여요.

③ 세울 수 있도록 종이를 말면서 튀어나온 부분을 평평하게 잘라요.

④ 똑같은 방법으로 크기가 다른 두 개의 뿔 모양을 만들어요.

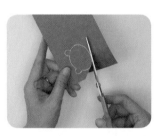

⑤ 갈색 색지에 곰돌이 얼굴 모양을 그린 후 선을 따라 오려요.

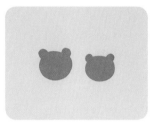

⑥ 같은 방법으로 크기가 다른 곰돌이 얼굴 모양을 그린 후 오려요.

⑦ 곰돌이 얼굴을 이용해 베이지색 색지에 크기와 형태를 맞춰 입을 그려요.

⑧ 입을 잘라요.

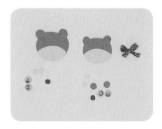

⑨ 베이지색 색지로 귀를, 검은색 색종이로 코를, 분홍색 색종이로 볼 모양을 만들어요.

곰 가족
완성!

⑩ 눈 모양 입체스티커, 귀, 코, 볼을
각각 붙이고, 여자 아기 곰돌이에
는 리본을 양면테이프로 붙여서
꾸며요.

⑪ 몸통과 머리를 붙인 후, 베이지색
색지로 긴 타원형을 만들어 배 부
분에 붙이고 별 모양 단추로 마무
리해요.

266

하늘을 날아요! 은박지 열기구

하늘 높이 날아가는 열기구를 본 적이 있나요? 열기구를 타고 자유롭게 날아다니면 정말 신날 거예요. 비록 지금 당장 열기구를 탈 수는 없지만 알루미늄박과 종이 끈을 이용해서 작지만 멋진 열기구를 만들어 집 안을 장식해 보세요. 마치 하늘을 나는 듯한 기분을 느낄 수 있을 거예요.

★ 준비물 ★
도화지, 색지, 은박지,
종이 끈, 가위, 연필,
노끈(또는 리본) 유리테이프,
유성 매직

'생활 속 미술' 단원은 생활 속 미술에 대해서 알아보는 시간인데요. 여러 가지 공간 중에 학교와 교실을 쓰임에 맞게 예쁘게 꾸며 보는 활동을 해요. 만들기를 하기 전에 다음 대화를 나눠 보세요.

- "일상 곳곳에서 미술이 활용되고 있어. 기린 모양의 미끄럼틀도 그중 하나란다. 또 뭐가 있을까?"
- "교실에 열기구를 장식한다면, 어떤 무늬가 좋을까?"

창의력
쑥쑥 활동

무늬 연상은 패턴 디자인의 기초예요. 패턴은 일정한 모양이 반복되는 것인데요. 의복이나 가방 등 제품에 기본으로 많이 쓰이는 디자인이에요. 다음 가방 그림을 참조하여 패턴 디자이너가 되었다고 생각하고 열기구 무늬를 한번 멋지게 디자인해 보세요. 동물 모양, 꽃 모양, 물방울 모양 등 패턴 모양은 매우 다양해요.

만들어 볼까요

① 열기구 풍선 부분을 도화지에 스케치한 후 오려요.

② 오린 풍선 모양에 유리테이프로 종이 끈을 붙여서 다양한 무늬를 만들어요.

③ 꾸민 열기구 풍선을 은박지의 반짝이는 부분이 바깥으로 오도록 감싼 후 유리테이프로 붙여요.

tip 은박지는 많은 힘을 주면 쉽게 찢어질 수 있으니 조심하세요.

④ 뒤집어서 손으로 꾹꾹 눌러 종이 끈 무늬가 보이도록 해줘요.

⑤ 매직으로 무늬 칸마다 색칠해요.

tip 무늬 칸이 많을수록 화려해져요.

⑥ 다양한 색과 모양으로 색칠해요.

tip 유성 매직은 한 방향으로 색칠해야 깔끔해요.

⑦ 색지에 바구니 모양을 스케치한 후 오려요.

⑧ 바구니에 노끈을 유리테이프로 붙여요.

tip 노끈이 없다면 색도화지를 얇게 잘라서 바구니와 연결해도 돼요.

⑨ 색칠한 풍선 뒷면에 바구니의 노끈을 붙여 연결해요.

열기구에 야광별이나 야광 스티커를 붙여서 꾸며 주거나 전구를 달면 밤에도 반짝반짝 빛나는 예쁜 장식품이 된답니다.

똑같은 그림이 없어요! 먹 마블링

마블링은 물과 기름의 반발 작용을 이용해서 무늬를 만드는 기법이에요. 마블링 물감이 없어도 세제와 먹만 있으면 멋진 마블링 무늬를 만들 수 있답니다. 과학적인 원리가 숨겨져 있는 먹 마블링 작품을 만들어 보세요. 재료도 간단하고 방법도 쉬워서 아이들이 부담 없이 할 수 있어요. 또 화선지에 나타난 무늬가 매번 찍을 때마다, 막대를 저을 때마다 달라져 아이들의 상상력과 호기심을 자극해요.

★ 준비물 ★
넓고 납작한 그릇, 화선지,
세제, 먹물, 나무젓가락

'먹으로 그린 그림' 단원으로, 먹의 성질을 알고, 먹을 응용하여 다양한 방법으로 표현해 보는 시간이에요. 활동을 하기 전에 먹의 성질을 자연스럽게 알려 주는 대화를 나눠 보세요.

- "물에 기름을 섞으면 어떻게 될까?"
- "여러 번 저으면 어떻게 될까?"

세제와 먹이 만나서 어떻게 무늬를 만들 수 있는 걸까요? 까만 먹물에는 기름 성분이 들어 있어요. 기름은 물에 섞이지 않고 뭉치는 성질을 가졌어요. 세제는 물의 표면 장력을 깨주는 역할을 하여 먹물이 서로 뭉치는 힘을 약하게 해요. 그래서 세제를 묻힌 막대기로 저어 주면 멋진 무늬가 생기는 것이에요.

만들어 볼까요

❶ 그릇에 물을 부어서 준비해요.

tip 물이 너무 많으면 마블링 표현이 잘 안 돼요. 적당량으로 준비하세요.

❷ 그릇에 세제를 조금 넣어요.

tip 물에 세제를 희석시킬 때는 묽게 해주세요.

❸ 나무젓가락으로 저어서 세제를 풀어요.

❹ 먹물을 그릇에 넣어요.

❺ 나무젓가락으로 저어서 먹물을 풀어요.

❻ 나무젓가락로 저어서 무늬를 다양하게 만들어 가며 화선지로 여러 장 찍어요.

❼ 그늘에 충분히 말려요.

tip 화선지 아래에 종이를 깔고 말리세요. 그래야 바닥에 먹이 묻지 않아요.

마블링은 물 위에 유성 물감을 떨어뜨리고 막대로 저어 무늬를 만든 후 종이를 얹어서 찍어 내는 기법이에요. 마블링은 우연의 효과이기 때문에 막대로 젓는 방향에 따라 여러 가지 무늬가 생긴답니다. 그 무늬가 아주 오묘하고 아름다워 각종 옷감이나 디자인에 많이 사용돼요. 마블링은 찍을수록 점점 색이 연해져요. 색이 짙거나 옅은 정도를 농담이라 하는데, 농담의 변화에 따라 마블링 작품의 느낌도 달라져요.

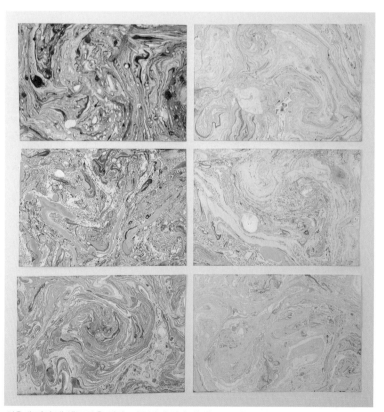

처음에 찍어 낸 색(왼쪽)은 진하고 두 번째 찍어 낸 색(오른쪽)은 연해요.

수묵화 족자 만들기

수묵화는 먹으로 그린 그림이에요. 먹물을 묻힌 붓으로 화선지에 그리는 그림인데요. 화선지는 쉽게 찢어지고 구겨져서 그림을 보관하는 것이 쉽지 않아요. 수묵화는 족자를 만들어 보관하면 좋아요. 멋진 수묵화를 그려 본 뒤 혹은 좋아하는 수묵화 그림을 인쇄하여 족자로 만들어서 벽에 걸어 보세요.

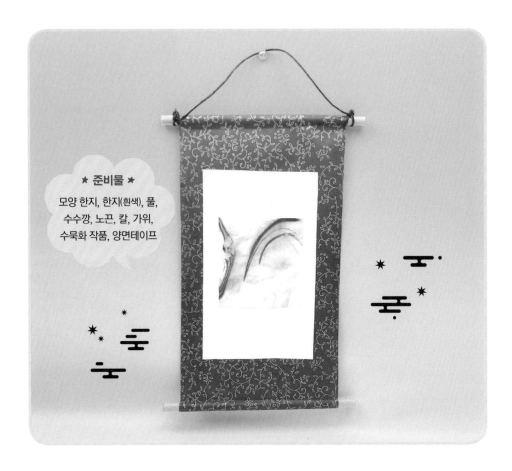

★ 준비물 ★
모양 한지, 한지(흰색), 풀,
수수깡, 노끈, 칼, 가위,
수묵화 작품, 양면테이프

275

교과서 엿보기

'먹으로 그린 그림' 단원으로, 붓과 먹의 성질을 대해 배운 후 먹으로 표현한 작품을 감상하고 다양한 방법으로 활용해 보는 시간이에요. 만들기 하기 전에 다음 대화를 나눠 보세요.

- "옛날에는 액자가 없었는데 그림을 어떻게 보관했을까?"
- "액자랑 족자는 어떻게 다른 것 같니?"

창의력 쑥쑥 활동

족자는 그림과 글씨 등 서화의 뒷면이나 테두리에 종이 또는 천을 댄 뒤, 벽에 걸거나 말아 둘 수 있도록 양 끝에 가름대를 대놓은 물건이에요. 족자는 엄청 큰 그림도 돌돌 말아서 휴대할 수 있고, 보관이 수월하다는 장점이 있어요.

조선 시대에는 좋은 그림이나 글씨를 족자로 만들어서 보전하고 감상하는 것이 유행이었어요.

〈화조도〉 ⓒ 국립중앙박물관

만들어 볼까요

❶ 모양 한지를 가로 20cm, 세로 40cm로 준비해요.

tip 내가 걸고 싶은 작품의 분위기에 맞춰서 색과 무늬를 골라요.

❷ 양면테이프를 아래위로 두 줄씩 붙여요.

❸ 양면테이프를 붙인 곳에 수수깡을 올려놓고 말아요.

tip 모양 한지 색과 어울리는 색의 수수깡을 고르면 더 고급스러워 보여요.

❹ 양쪽 균형을 맞추어서 수수깡을 잘라요.

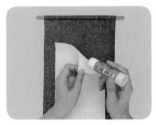

❺ 흰색 한지를 가로 14cm, 세로 23cm로 잘라서 모양 한지에 붙여요.

❻ 끈으로 수수깡의 양쪽 끝부분을 묶어요.

❼ 묶고 남은 노끈은 잘라요.

❽ 속지 위에 작품을 풀로 붙여요.

❾ 꼼꼼하게 붙여서 완성해요.

tip 단색 민무늬 한지를 쓰면 동양화 뿐 아니라 서양화 작품에도 잘 어울리니 두루 활용해 보세요.

먹으로 표현하는 그림

수묵화는 먹의 농담 변화를 이용해서 부드럽고 은은한 느낌과 동시에 강하고 힘찬 느낌을 표현할 수 있어요. 수묵화를 포함한 동양화는 유화 등의 서양화와 달리 배경을 칠하지 않고 여백을 남겨 두는데요. 보는 사람이 마음껏 상상할 수 있도록 상상의 공간을 남겨 둔 것이에요. 수묵화에 필요한 재료를 문방사우(文房四友)라고 해요. 가까이 두어야 할 네 명의 친구들이란 뜻으로, 먹, 벼루, 붓, 종이를 뜻해요. 문방사우는 시험의 단골 문제이니 꼭 알아 두세요.

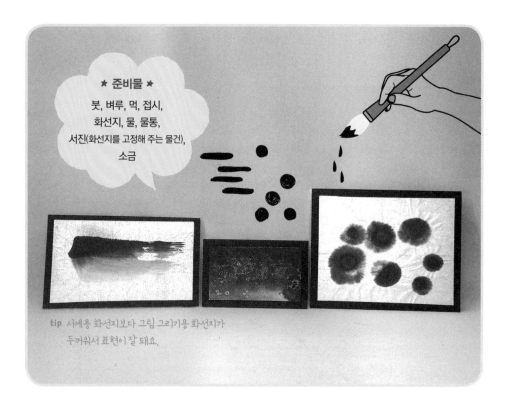

★ 준비물 ★
붓, 벼루, 먹, 접시,
화선지, 물, 물통,
서진(화선지를 고정해 주는 물건),
소금

tip 서예용 화선지보다 그림 그리기용 화선지가 두꺼워서 표현이 잘 돼요.

교과서 엿보기

'먹 향기를 담은 수묵화' 단원은 수묵화에 대해 알아보고, 수묵화의 기본 재료와 표현 방법을 배워 보는 시간이에요. 그리기를 하기 전에 아이와 대화를 나눠 학습을 도울 수 있어요.

- "물감에 물을 많이 넣으면 물감이 연해지지? 그럼 붓털에 물을 많이 적신 후 먹을 묻히면 색이 연해질까? 진해질까?"
- "먹색을 진하게 표현하고 싶으면 물을 적게 적셔야 할까? 많이 적셔야 할까?"

창의력 쑥쑥 활동

가장 기본 표현법인 삼묵법은 먹과 물의 조절이 어려워서 한 번에 완성하기 힘들기 때문에 많은 연습이 필요해요. 삼묵법의 삼묵은 농묵, 중묵, 담묵을 말하는데, 농묵은 가장 진한 먹색, 중묵은 중간 먹색, 담묵은 연한 먹색을 말해요. 물과 먹을 조절하면 먹의 농담을 표현할 수 있다는 것을 깨닫는 경험만으로도 충분해요.

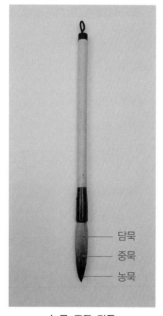

농묵, 중묵, 담묵

279

{ 수묵화의 가장 기본 방법 '농담 조절' }

❶ 연한 먹을 붓에 묻힌 뒤 먹을 더 섞어 중간 먹을 붓에 묻혀요. 마지막으로 붓끝에 진한 먹을 찍어요.

❷ 농담을 만든 붓을 눕혀서 선을 천천히 그어 줘요.

❸ 농묵, 중묵, 담묵을 확인할 수 있어요.

{ 번짐 기법 }

물을 잘 흡수하는 화선지의 성질을 이용한 것으로 구름이나 비 오는 날을 표현하기 좋아요.

  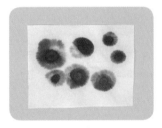

❶ 붓에 먹을 묻혀서 화선지에 콕콕 점을 찍어요.

❷ 물만 묻힌 붓을 그 위에 바로 찍어요.

❸ 먹이 번지는 것을 볼 수 있어요.

물을 흡수하는 소금의 성질을 이용해요.

  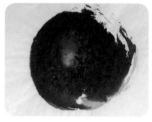

❶ 붓으로 물과 먹을 섞어서 동그란 원을 그려요.

❷ 그 위에 소금을 뿌려요.

tip 소금을 뿌린 곳에 자연스럽게 무 늬가 나타나요. 소금 굵기에 따라 느낌이 달라져요.

❸ 소금이 물을 흡수하는 시간이 오 래 걸려서 충분히 말려야 효과가 나타나요.

플러스 활동

수채화 용지에 소금 뿌리기 기법을 활용하면 더욱 선명하 고 예쁜 무늬가 나와요. 드러난 무늬가 꽃이 연상되어 흰색 색연필로 줄기를 그렸더니 예쁜 화분이 되었어요. 이처럼 우연히 나온 무늬를 보고 연상한 것을 색연필로 자유롭게 그려서 다양한 그림으로 만들어 보세요.

먹으로 그린 예술

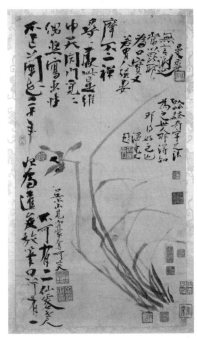

〈불이선란도〉

우리나라 전통 회화는 화선지에 먹이 번지고 스며드는 특징을 이용한 그림이 특징이에요. 전통 회화의 종류로는 수묵화, 수묵담채화, 채색화가 있어요. 수묵담채화는 물과 먹으로 그린 다음 연하게 채색한 그림이고, 채색화는 색을 여러 번 덧칠하여 진하게 표현한 그림이에요.

수묵화에서 시험에 자주 나오는 것이 있는데요. 바로 '문인화'예요. 문인화는 사대부들이 취미 삼아 그리는 그림이에요. 화선지에 시도 쓰고 글도 쓰고 그림도 그렸지요. 주로 사군자를 그렸는데, 사군자는 봄의 매화, 여름의 난초, 가을의 국화, 겨울의 대나무를 말해요. 매화는 지조, 난초는 청정, 국화는 절개, 대나무는 곧음을 상징하지요.

위에 그림은 조선 말기 화가 추사 김정희의 〈불이선란도〉예요. 사군자의 하나인 난초를 그린 것으로, 난초는 멀리 은은한 향기를 퍼뜨리는 특징이 있어 선비의 고결함을 상징해요. 〈불이선란도〉는 난초의 실제 모습을 표현하기보다 글씨를 쓰듯 난을 그린 작품이에요. 난을 둘러싸듯 글의 진행 방향을 달리한 점이 인상적인 작품이에요.

초등 미술 놀이북

초판 1쇄 인쇄 2021년 9월 1일
초판 1쇄 발행 2021년 9월 10일

지은이 류지문 **펴낸이** 김종길
펴낸 곳 글담출판사 **브랜드** 글담출판

기획편집 이은지 · 이경숙 · 김보라 · 김윤아 · 안수영 **영업** 김상윤
디자인 엄재선 · 박윤희 **마케팅** 정미진 · 김민지 **관리** 박지웅

출판등록 1998년 12월 30일 제2013-000314호
주소 (04029) 서울시 마포구 월드컵로8길 41 (서교동 483-9)
전화 (02) 998-7030 **팩스** (02) 998-7924
블로그 blog.naver.com/geuldam4u **이메일** geuldam4u@naver.com

ISBN 979-11-91309-12-6 (13590)

만든 사람들 ————————————
책임편집 이경숙 **디자인** 정현주 **교정교열** 김익선

글담출판에서는 참신한 발상, 따뜻한 시선을 가진 원고를 기다리고 있습니다. 원고는 글담출판 블로그와 이메일을 이용해 보내주세요. 여러분의 소중한 경험과 지식을 나누세요.